ScYSZ热障涂层的结构设计与性能评价

范 薇◎著

中国原子能出版社

图书在版编目(CIP)数据

ScYSZ热障涂层的结构设计与性能评价/范薇著.--
北京：中国原子能出版社，2022.11（2025.3重印）

ISBN 978-7-5221-2242-7

Ⅰ.①S… Ⅱ.①范… Ⅲ.①航空发动机－陶瓷－热

障－涂层－研究 Ⅳ.①V263

中国版本图书馆CIP数据核字(2022)第206925号

ScYSZ热障涂层的结构设计与性能评价

出版发行	中国原子能出版社（北京市海淀区阜成路43号　100048）
责任编辑	蒋焱兰　张一岫
特约编辑	胡冰姿　蒋远涛
装帧设计	百熙广告
责任校对	冯莲凤
责任印制	赵　明
印　　刷	北京天恒嘉业印刷有限公司
经　　销	全国新华书店
开　　本	787 mm×1092 mm　1/16
印　　张	9.5
字　　数	165千字
版　　次	2022年11月第1版　　　　2025年3月第2次印刷
书　　号	ISBN 978-7-5221-2242-7
定　　价	59.00元

网址：http://www.aep.com.cn　　　　E-mail：atomep123@126.com
发行电话：010-68452845　　　　　　版权所有　　侵权必究

前　言

热障涂层技术是先进航空发动机研制亟需攻克的关键核心技术。传统氧化钇部分稳定二氧化锆（YSZ）热障涂层因高温结构稳定性差、易烧结等突出问题难以在1200 ℃以上环境下长时服役。开发新型热障涂层材料、结构以满足未来航空发动机与重型燃气轮机对高推重比、高功率的迫切需要，对国家重大装备及经济发展具有重要的社会与经济价值。本书以新型热障涂层材料与结构设计等热点问题为导向，针对氧化钪（Sc_2O_3）和氧化钇（Y_2O_3）共稳氧化锆（ScYSZ）材料，通过分子动力学模拟与实验相结合的方法系统研究了双元稀土掺杂对 ZrO_2 陶瓷材料热物理、热机械性能的影响规律；基于氧空位浓度变化和阳离子质量差异的声子散射新模型的构建，深入研究了掺杂引入氧空位及原子替代等点缺陷对 ScYSZ 材料体系热导率的作用机制；基于上述研究，采用国际先进的超音速等离子喷涂制备典型结构的 ScYSZ 涂层，对其在高温服役过程中的结构演变与失效模式进行了详细剖析；并在此基础上，设计了具有高应变容限、类柱晶结构的超音速悬浮液等离子喷涂（SSPS）涂层，对其抗高温热冲击性能进行了评价。

本书第 1 章主要介绍了热障涂层体系目前的研究进展与存在的问题；第 2 章主要进行 ScYSZ 材料热物理性能与力学性能的理论计算与实验研究；第 3 章和第 4 章介绍利用高能超音速等离子喷涂系统设计的不同结构 ScYSZ 热障涂层，并对其高温使用性能进行评价；第 5 章主要介绍 ScYSZ 材料与涂层的耐 CMAS 腐蚀机理；第 6 章对 ScYSZ 热障涂层的结构与性能关系做了总结，并对今后的研究做了展望。

热障涂层知识体系复杂，涉及材料、物理、化学、力学、机械等多学科交叉。本书仅以氧化钪和氧化钇共掺杂氧化锆为基础，探讨其成分、结构设计与高温性能关系，书中存在不足之处，敬请广大同行批评指正。

本书的内容是作者多年研究成果的总结。主要工作得到了国家自然科学基金、山西省自然科学基金、中北大学自然科学基金的资助。

目　录

第1章 热障涂层简介

相比蒸汽轮机与内燃机，燃气轮机具有体积小、质量轻、使用效率高、污染少等优点，已被广泛应用于航空航天、舰船及核电等领域。随着航空航天技术的快速发展，燃气涡轮发动机正朝着高推重比、高效率的方向发展，这必然会提高涡轮前端进气温度[1, 2]。美国 F-22 战斗机装备的 F-119 涡扇发动机其推重比已达到 10，涡轮前端进气温度在 1700 ℃左右；而我国 WS-15 涡扇发动机推重比为 9~10，涡轮前端进气温度已达到 1700 ℃；未来推重比 15~20 级发动机涡轮前端进气温度可能超过 2000 ℃ [3]。即使利用叶片高效冷却技术和特殊结构设计，涡轮热端部件的表面温度仍在 1200 ℃以上，这对涡轮叶片的材料和性能提出更高要求。目前，高温结构材料、叶片高效冷却及热障涂层技术已被国内外列为制备高性能航空发动机高压涡轮叶片的三大关键技术。镍基单晶高温合金因减少了降低熔点的晶界强化元素和增加了难熔金属元素含量使其初熔温度和高温力学性能显著提升，已成为高推重比燃气轮机涡轮叶片首选材料，但经过将近 40 年的发展，高温合金的使用温度平均每年仅提高 1~2 ℃。目前我国最先进的镍基单晶高温合金耐温能力也不超过 1150 ℃，远低于发动机服役温度，仅仅依靠高温合金结构材料的成分及生产技术的提升难以达到先进燃气轮机对高性能热端部件材料的要求。此外，若气膜冷却技术使用过多的高压气体定会消耗更多的能量，从而造成能源损耗、影响输出效率。因此，稳定、高隔热、长寿命热防护涂层的应用最为关键。

热障涂层（TBCs）是一种主要以耐高温、低导热、抗腐蚀的氧化物陶瓷材料制备的功能性涂层，主要用于航空发动机及重型燃气轮机涡轮导向叶片等热端部件表面，起到保护金属基底、提高发动机效率和使用寿命的作用[4]。目前使用最广泛的热障涂层是通过等离子喷涂（APS）或电子束－物理气相沉积（EB-PVD）方法制备的具有非转变四方相（t'）结构的氧化钇（6~8 wt%）部分稳定氧化锆（YSZ）涂层[2]。其中 EB-PVD 技术制备的涂层由于具有柱状结构[5]，涂层应变容限较高，热循环使用寿命大大提高，但该涂层热导率较高，且制备成本同样较高。APS 热障涂层的典型形貌为多个摊片堆垛形成的层片状结构[6]，涂层热导率相对较低，但摊片间较多的层间孔隙或裂纹往往是涂层热循环失效的主要部位。此外，在 1200 ℃以上长时间服役时，

由于 Y^{3+} 容易发生偏聚，YSZ 会由亚稳定的 t' 相转变成贫 Y^{3+} 的四方相（t 相）和富 Y^{3+} 的立方相（c 相），并在随后的冷却中发生 t 相到单斜相（m 相）的马氏体相变，t 相和 m 相晶体结构及其密度存在较大的差异，使得该相变伴随有 3%~5% 的体积变化，从而引起涂层内应力累积，导致裂纹产生及最终剥落失效。因此，传统的 YSZ 热障涂层已不能满足燃气轮机涡轮前端进气温度进一步提高的要求，新型热障涂层材料、涂层制备工艺及结构体系的开发与设计显得尤为重要。

1.1 热障涂层体系及结构

1.1.1 热障涂层体系

热障涂层（TBCs）是一种以耐高温、低热导、抗腐蚀的氧化物陶瓷材料制备的涂层，被广泛应用于航空发动机的金属热端部件表面，从而有效提高发动机的效率和使用寿命，是先进航空发动机及重型燃气轮机的关键技术之一 [1-3, 7, 8]。如图 1-1 所示，热障涂层体系包括高温合金基体、金属黏结层、热生长氧化物层（TGOs）和陶瓷表层 [9, 10]。其中，表层主要为低热导率、耐腐蚀的陶瓷材料，能起到隔热、抗腐蚀等作用；合金黏结层主要为 MCrAlY（M 为过渡族金属或其混合物），起到改善陶瓷层与基体热膨胀系数不匹配及物理相容性的作用；黏结层在高温条件下会发生氧化，生成以 Al_2O_3 为主的热生长氧化物（TGOs），它有较低的氧离子迁移率，可以阻止合金黏结层的进一步氧化 [11, 12]。

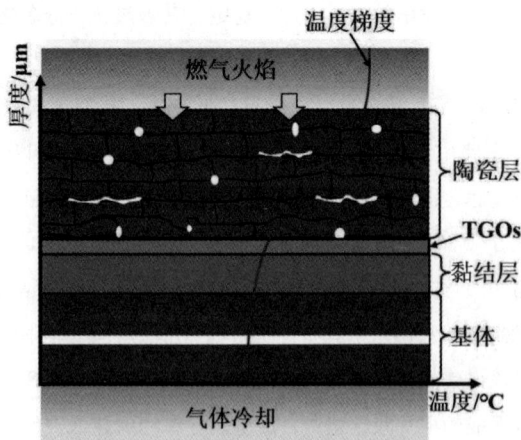

图1-1 航空发动机热障涂层体系示意图

1.1.2　热障涂层结构类型

热障涂层的结构决定了涂层性能，而涂层的结构类型与其制备工艺有较大关系。热障涂层典型的结构类型大体可分为层状结构的涂层、柱状结构的涂层及具有类柱晶结构的涂层。

1. 层状结构热障涂层

层状结构的热障涂层主要通过等离子喷涂方法制备。首先将流动性较好的喷涂粉末送入高温高速的等离子射流中，粉末在射流中经过一系列物理状态变化并经加速后与基板撞击，形成摊片堆垛的层片状结构涂层（见图 1-2），并且摊片与摊片间或与基体间的结合主要为机械结合。此外，原始粉末形态及工艺设备对涂层结构同样有着较大影响。传统的亚微米团聚粉末在等离子射流中的熔化程度较高，因此微孔隙和微裂纹为亚微米结构涂层的典型形貌；而纳米团聚粉末在射流中粉末表层熔化程度较好，中间为纳米颗粒未熔区，涂层结构主要为未熔纳米颗粒与层状组织组成的"双模式"结构，并且同样存在一定的微孔和裂纹 [13]。常用的等离子喷涂工艺主要有普通大气等离子喷涂（APS）及在此基础上研制的超音速大气等离子喷涂（SAPS）系统 [6]。APS 系统等离子射流温度（其中心温度高达 10 000 K 以上）、速度（射流速度 1000 $m·s^{-1}$，粉末速度在 180~300 $m·s^{-1}$）较高，其运行功率可调，可用于制备具有不同熔点的涂层，并能实现涂层结构的有效调控 [14]。但是，由于 APS 工艺采用了喷嘴外送粉方式，粒径较小的粉末不易被送到刚性较大的等离子射流中心，使得喷涂粉末得不到充分熔化，进而影响涂层的结构及性能。国内装甲兵工程学院再制造技术国家重点实验室在此基础上对枪体、水气路、阴阳极及送粉方式等进行改进，研制出了 SAPS 系统 [6]。相比传统 APS 系统，SAPS 系统采用了内送粉方式，这可以较容易地把粉末送入等离子射流的中心部位，使其充分熔化、加速从而进一步提高涂层的沉积效率 [15]。此外，SAPS 系统依靠独特的喷枪内部结构设计以及旋转进气方式来拉长电弧，从而实现对电弧的加速，同时解决了拉伐尔喷嘴容易烧蚀的问题，保证系统长期稳定运行。由于 SAPS 独特的拉伐尔喷嘴结构设计，飞行粒子的温度和速度较 APS 的更高，提高了层状结构涂层的致密性及其与基体的结合力，从而进一步改善涂层的性能 [16, 17]。图 1-3 为文献中利用 SAPS 和 APS 制备的层状结构涂层的典型形貌图示，SAPS 涂层中由于等离子射流温度更高、速度更快，摊片厚度较 APS 更薄，并且 SAPS 涂层中的孔隙尺寸较小，呈现出薄片细密结构，但其结合强度较 APS 涂层更高 [6, 18]。

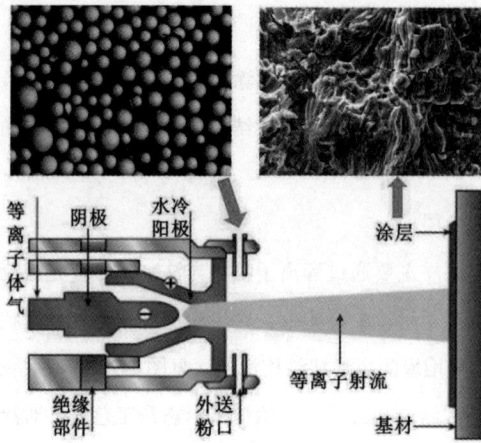

图1-2 层状结构涂层制备过程图示

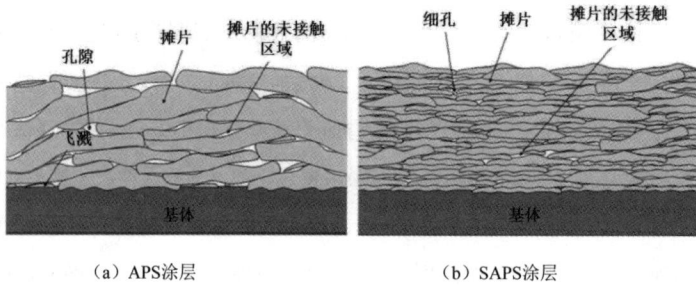

（a）APS涂层　　　　　　　　（b）SAPS涂层

图1-3 层状结构涂层典型形貌[6, 15]

2. 柱晶结构热障涂层

柱晶结构热障涂层主要通过电子束物理气相沉积（EB-PVD）或等离子物理气相沉积（PS-PVD）方法制备，其典型结构形貌如图1-4所示。

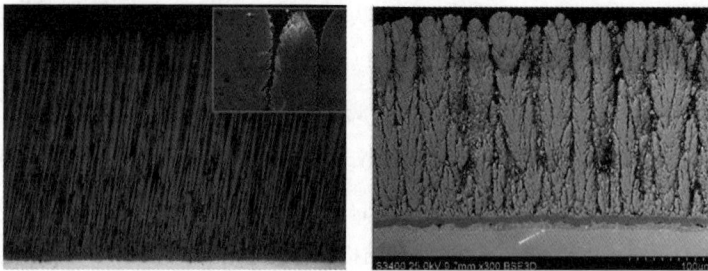

（a）EB-PVD涂层结构　　　　　　　（b）PS-PVD涂层结构

图1-4 柱状结构的热障涂层[19, 20]

EB-PVD 在热障涂层的制备中同样得到广泛应用 [21]，它主要利用高能电子枪发射的电子束将涂层靶材加热，使靶材快速熔化、蒸发，其蒸气以原子或者分子的形式在真空、低压环境中垂直沉积到基体表面。由于靶材蒸气逐步沉积，使涂层呈现出类似"羽毛状"的柱状结构 [22, 23]【见图 1-4（a）】。EB-PVD 涂层应变容限较高，可以释放涂层内应力，有着较好的高温热循环使用寿命。但是该设备造价成本及对工作环境（高真空）要求高，在复杂工件表面较难沉积涂层；并且由于涂层柱间间隙较多，其热导率比层片状结构的涂层高 [24]。图 1-4（b）为 PS-PVD 方法制备的热障涂层典型形貌，可以看出其与 EB-PVD 涂层结构相似，涂层应变容限较高，但柱间间隙较宽，因此热导率同样较高，并且服役过程中黏结层的氧化较为严重 [25, 26]。

3. 类柱晶结构涂层

具有柱状结构的 EB-PVD 涂层虽然有着较好的热循环性能，但其热导率和成本较高，并且不易在复杂工件表面沉积；层片状的 APS 涂层虽然热导率较低，但由于涂层中存在较多的横向裂纹，导致热循环寿命降低，并且原始粉末需要具有较好的流动性。研究发现纳米结构涂层的综合性能更好，如具有较高的热循环寿命和较低热导率，但是纳米粉末易团聚、流动性差，运用传统送粉方法输送时，必须提高送粉气体的流量方能使其被送入等离子体，这势必会影响等离子射流的能量，降低涂层的沉积效率，而采用液相送粉的方式则能有效避免这些问题，并且可以制备出具有类柱晶结构或垂直裂纹结构的涂层。液相等离子喷涂由美国纽约州立大学石溪分校率先开发，并逐渐运用到热障涂层的研究，包括悬浮液等离子喷涂与溶液前驱体等离子喷涂 [27-29]。

悬浮液等离子喷涂（SPS）是将固体纳米或亚微米粉末均匀分散到一定量溶剂（水或酒精）中，通过液相送粉器将液流或雾化液滴输送到等离子射流，并依次经过液滴破碎、溶剂蒸发、粉末烧结团聚、熔化等过程与基体撞击从而形成涂层的方法 [30-32]。悬浮液中还需要加入一定量的有机分散剂使粉末分散均匀，并减缓其团聚倾向，从而提高喷涂效率。SPS 工艺制备的涂层一般呈现类似 EB-PVD 涂层的柱晶或垂直裂纹结构【见图 1-5（a）】，涂层中存在均匀分布的微孔隙，热导率一般较 EB-PVD 涂层低，并且有着较好的热循环使用寿命 [33-37]。

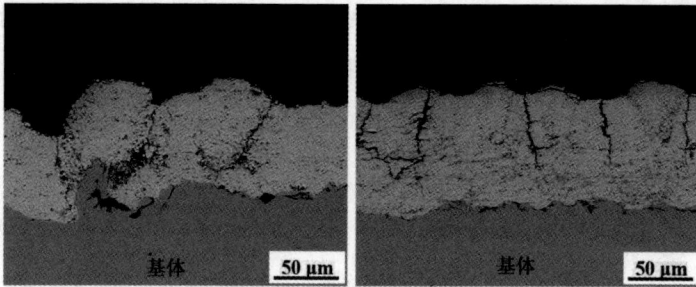

（a）SPS涂层典型结构　　　　　（b）SPPS涂层典型结构

图1-5　类柱晶涂层结构

另一种可以用来制备类柱晶结构或垂直裂纹结构涂层的方法是溶液前驱体等离子喷涂（SPPS），它是将前驱体（金属－有机化合物、无机盐及溶剂）直接送入等离子射流，使其在高温下经过溶剂挥发、热解以及熔化等过程沉积到基体表面，是一种较为方便的喷涂方法[38, 39]。SPPS 的送料方式与 SPS 系统类似，但涂层沉积机理则有着较大的区别，由于液料是溶液前驱体，在射流中会经过溶剂蒸发与相应的高温化学反应等过程[29, 40-42]。SPPS 系统同样可以制备具有类柱晶或垂直裂纹结构涂层，其应变容限及热循环寿命较高[34, 43]。

1.2　热障涂层失效机理与其交互作用

热障涂层（TBCs）是由金属基体、合金黏结层、热生长氧化物（TGOs）及陶瓷层组成的完整体系，任何一层受到破坏都会直接影响 TBCs 体系的服役寿命。热障涂层的失效主要与陶瓷层内部、陶瓷层与黏结层界面处及黏结层与基体之间裂纹的形成、扩展密切相关，而这些裂纹的产生是合金黏结层的高温氧化、TGOs 增厚及相变、陶瓷层的物相变化、陶瓷层高温烧结及外来沉积物腐蚀等多应力共同作用的结果。

1.2.1　黏结层氧化

合金黏结层（主要为 McrAlY，M 为 Co、Ni 或二者的混合物）是 TBCs 体系中较为关键的一部分，它不仅能改善陶瓷层与基体之间的热膨胀不匹配性，还能起到抗氧化、抗腐蚀等保护基体的作用。由于陶瓷表层结构中含有较多的孔隙和裂纹，空气中的氧气等极易通过这些缺陷到达黏结层表面，并在高温下与黏结层中的合金元素进行反应，由于 Al 元素的扩散速率较快，首先在黏结层表面生成一层以 α-Al_2O_3 为主的热生长氧化物（TGOs），Al_2O_3 的氧透过率较低可以延缓合金黏结层的进一步氧化，因此，这一致密的 Al_2O_3 层可以对其起到保护作用。但是随着服役时间的延长，其他合金元素会逐渐被氧化，导致 TGOs 厚度增加[12, 44-46]。此外，Cr_2O_3、CoO、NiO 及其他尖晶石氧化物的形成会引起较大的体积膨胀，从而增大黏结层和陶瓷层界面之间的热应力，导致脆性较大的陶瓷层中横向裂纹的萌生与扩展，并引起涂层剥落失效[47]。

研究表明，在黏结层 /TGOs 界面通常存在两种应力，分别是波峰位置的拉应力以及波谷位置产生的压应力。拉应力随着 TGOs 的生长而增大，导致在黏结层 /TGOs 界面波谷处萌生裂纹。陶瓷层和黏结层之间的热膨胀系数不匹配引发陶瓷层在室温下一直处于压应力状态，这种压应力比 TGOs 中的残余应力大约低一个数量级。由于金属基体和陶瓷层之间界面性质差异较大，使得陶瓷层 /TGOs 界面处的波谷呈压应力状态，波峰处于拉应力状态，进而集中在脆性大的陶瓷层内部断裂，并且断裂位置靠近界面的波峰处。当 TGOs 的厚度高于某一临界值（约 6 μm）时，黏结层 /TGOs 之间的热膨胀系数差值低于陶瓷层 / 黏结层，导致陶瓷层波谷处的应力状态从压应力变为拉应力，造成陶瓷层在波谷处开裂。

大多数研究主要是通过有限元方法来模拟 TGOs 生长模式对应力分布和裂纹驱动力的影响，而 TGOs 生长模型主要有以下 3 种。

（1）只考虑 TGOs 层厚度的增加而不考虑横向生长应力的模型，即离散 TGOs 增长。由于在模型中未考虑 TGOs 增长应变，因此这种 TGOs 生长模式被认为是 TGOs 厚度的单一增加。Yu 等人[48] 使用无 TGOs 生长应变的正弦界面模型对界面粗糙度、TGOs 厚度及 TBCs 应力状态的影响进行研究。发现 TGOs 厚度对 TC/TGOs 界面的应力分布有显著影响，其他学者也进行了类似的工作。Chen 等人[49] 改变了波峰和波谷处的 TGOs 厚度，发现具有非均匀 TGOs 厚度的 TBCs 系统更易萌生裂纹并导致裂纹扩展。尽管 TGOs 生长可以实现 TGOs 厚度对残余应力场的影响，但是不包含由 TGOs 生长引起的体积膨胀应变。

（2）考虑增厚生长应变的 TGOs 模型。由于 TGOs 增厚生长应变主要归因于氧元素和铝元素的化学反应引起的体积膨胀。Ranjbar 等[50] 基于理想化的余弦模型（仅带有 TGOs 增厚应变），研究了 TGOs 生长和界面几何形状对 BC 和 TC 层内残余应力分布的影响。Baeker 等人[51] 通过余弦曲线模型探讨了循环热载荷对 TGOs/BC 界面处的应力分布和裂纹扩展的影响。由于 TBCs 涂层在三维空间中的微观结构非常复杂，通常将计算模型简化为二维模式。

（3）考虑 TGOs 沿平行于 TC/BC 界面横向生长的模型。目前，国内外对氧化物横向生长动力学的试验性研究相对较少，因此 TGOs 横向生长对残余应力分布和开裂行为的影响通常通过模拟分析来实现。Wei 等人 [52] 探讨了在热冲击过程中 TGOs 横向生长对 TC 和 TGOs 内应力分布、振幅变化和裂纹扩展的影响，发现横向应变的累积会导致涂层早期剥落。Karlsson 等人 [53] 探索了 TGOs 在不同生长速率下位移不稳定性变化，发现横向生长应变增加导致 TGOs 形状急剧变化。Wei 等人 [54] 提出了一种具有层状结构的新型模型，研究表明 TGOs 中大梯度的横向应力分布有利于提高涂层的失效寿命，但其对裂纹扩展行为影响较低。TGOs 在高温下的生长是通过逐步改变材料性能来实现的。

为了进一步提高合金黏结层的抗高温氧化性能，很多研究者对合金黏结层进行了较为深入的研究与探索，其主要目的一方面是为了在合金黏结层表面预先获得一层致密的 Al_2O_3 膜，以减缓 TGOs 的生长速率，另一方面，降低合金黏结层的表面粗糙度，以减小涂层的界面应力，最终制备出具有良好抗氧化性能的合金黏结层。目前常用的合金黏结层改性处理方法主要包括：真空／低压预热处理、激光重熔处理、电子束重熔处理、喷砂／喷丸／研磨处理、镀铝或镀铝结合激光重熔处理等。结果表明对涂层进行真空或低压预热处理后，在合金黏结层的表面会生成一层致密的 Al_2O_3 膜，可以有效地阻挡 Cr_2O_3、NiO 及 $(Ni, Co)(Al, Cr)_2O_4$ 尖晶石等氧化物的生成，从而减缓 TGOs 的生长速率，显著提高涂层的抗高温氧化性能 [55]。然而，由于其操作是在真空或低压环境中进行，工件尺寸受到真空室的限制；同时，预热生成的 Al_2O_3 膜较薄，对合金黏结层的粗糙度影响较小，即真空或低压预热处理不能有效地改善合金黏结层的表面粗糙度。对合金黏结层表面进行喷砂、喷丸及研磨处理会减小合金黏结层的表面粗糙度，在氧化过程中则易形成致密的 Al_2O_3 膜，涂层的抗氧化性能随之提高。但喷砂、喷丸及研磨处理也有明显的不足，即在喷砂、喷丸及研磨处理的过程中，砂粒等物质容易夹杂在合金黏结层的表面，在涂层高温服役时反而会促进氧在涂层中的扩散，加剧涂层的氧化，同时还会在合金黏结层表面造成缺陷，形成裂纹源，导致涂层失效。在无陶瓷层的合金黏结层表面镀一层铝，可以有效地降低 TGOs 生长速率。当在镀铝层上方喷涂陶瓷层后，镀铝层内容易混入部分陶瓷层的原料粉末颗粒，反而容易加速氧化，降低涂层的抗高温氧化性能。利用激光重熔或电子束重熔工艺对合金黏结层表面进行处理后，可在降低涂层表面粗糙度的同时，消除其内部的孔隙和未熔颗粒，从而提高涂层的抗氧化能力。

1.2.2　陶瓷层相变

陶瓷表层作为 TBCs 体系最重要的一环，主要起隔热、抗氧化、抗腐蚀等作用。目前，使用最为广泛的陶瓷层材料是 YSZ。但是在 1200 ℃以上长期服役时，亚稳态 t' 相 YSZ 由于 Y^{3+} 离子的高温偏聚会形成贫 Y^{3+} 的 t 相和富 Y^{3+} 的 c 相，而 t 相在随后的冷却过程中会转变成 m 相。由于二者晶体结构差异较大，t 相和 m 相的转变常常伴随有 3%~5% 的体积变化，使得涂层内应力累积，引起裂纹产生，进而导致涂层失效。并且服役温度越高，Y^{3+} 发生偏聚的倾向越明显。此外，即使没有发生 t-m 相转变，力学性能较差的 c 相的生成同样不利于热障涂层的高温长效服役 [56]。Xu 等人 [57] 发现 $La_2Ce_2O_7$（LC）和 YSZ 的复合热障涂层在 1300 ℃热处理 200 h 后，由于 La^{3+} 离子的扩散，涂层中会产生 $La_2Zr_2O_7$（LZ）和 CeO_2，LZ 的形成会消耗 YSZ 中一定量的 Zr 元素，可能导致富 Y 的 c-ZrO_2 形成，从而破坏涂层的稳定性。由此可见，陶瓷层相变是引起热障涂层高温热循环失效的一个不可忽视的原因，而高温物相结构稳定性高的陶瓷材料的使用是确保热障涂层长时间服役的前提。

1.2.3　高温烧结

在升温和降温过程中，由于陶瓷层与基体之间较大的热膨胀系数差异，造成二者之间应力失配，随着服役时间的增加，应力逐渐累积，引起裂纹形核、扩展，最终导致涂层剥落失效，并且服役温度越高，热应力失配的现象越明显 [58, 59]。此外，对于陶瓷层本身，由于其厚度方向有着较大的温度梯度，即陶瓷层表面温度高于陶瓷层与黏结层界面处温度，这一热梯度应力同样会导致裂纹的萌生与扩展 [60]。另一方面则是陶瓷涂层在高温服役时的烧结现象。烧结是陶瓷材料在高温下由于原子扩散而发生致密化的过程，它在热力学上是自发不可逆的。TBCs 体系的陶瓷层一般呈多孔、微裂纹结构，但是在高温服役时，涂层中的孔隙和裂纹逐渐闭合，使得其总表面积和总体积降低，这也是烧结的主要驱动力来源。涂层烧结导致热导率升高、弹性模量增大，同时还伴随有晶粒的长大，这些变化会引起陶瓷涂层弹性能的升高，从而降低涂层的热循环寿命[5, 61]。烧结过程还伴随着涂层的收缩，收缩首先在涂层表面发生，从而使涂层产生纵向或横向裂纹，纵向裂纹为热流提供了直接通道，使涂层内部发生进一步的烧结，横向裂纹逐渐扩展、融合引起涂层剥落失效[62-64]。例如常用的 YSZ 涂层在 1200 ℃以上极易发生烧结，这成为限制 YSZ 在 1200 ℃以上长期服役的另一个因素。

烧结的本质是扩散，并且温度越高，分子热运动越剧烈，原子迁移能力越强。原子的自扩散系数分为表面扩散系数、晶界扩散系数以及体扩散系数。不同扩散机理与温度有较大关系[65]。Erk 等人[66]通过对 APS-YSZ 涂层扩散机理的研究发现，在 1000 ℃时表面扩散是主要的，同时伴随着摊片内部裂纹的闭合；在 1100 ℃时表面扩散和体扩散同时起作用，而在 1200 ℃以上时体积扩散则是主要的，会引起摊片间裂纹和孔隙的烧结。Ciptria 等人[62]还指出，对于 APS 工艺制备的陶瓷涂层中虽然表面扩散和晶界扩散都会引起孔隙结构变化和表面积的降低，但晶界扩散才是引起涂层宏观尺寸变小、发生致密化的主要因素。

对于如何提高热障涂层材料的抗烧结性能，文献中已有大量报道。一方面可以通过第二相产生的晶界"钉扎"效应，延缓晶界的迁移，使离子、原子等扩散受阻，从而可以减慢烧结速率。Yu 等人[67]采用 APS 技术制备了纳米级的 Al_2O_3-YSZ 涂层，发现纳米 Al_2O_3 的加入能有效抑制 ZrO_2 晶粒长大，并将其归功于 Al_2O_3 的晶界"钉扎"作用。此外，Zhang 等人[68]研究了 Yb_2O_3 和 Gd_2O_3 共掺杂的 YSZ（Gyb-YSZ）在 1300 ℃的烧结性能，发现 Gyb-YSZ 的线收缩率较 YSZ 的小，说明 Gyb-YSZ 的抗烧结能力较好，这主要是因为掺杂的 Gd^{3+} 和 Yb^{3+} 的离子半径和原子量较大，使得扩散速率减慢，抗烧结能力提高。Liu 等人[69]对 8 mol% Sc_2O_3 和 0.6 mol% Y_2O_3 共同掺杂的 ZrO_2 在 1500 ℃热处理 10 h 后的烧结性能进行了研究，发现与 YSZ 相比，该材料的晶粒尺寸长大较小，其抗烧结能力得到提高。由此可见，第二相或离子掺杂是减缓陶瓷材料烧结速率的有效方法。烧结还与涂层的本征结构有关，Lima 等[70]对纳米"双模式"结构 YSZ 涂层（熔化结晶区烧结速率低，纳米未熔区烧结速率高）与传统 YSZ 涂层在 1400 ℃的烧结性能进行了对比分析，两种涂层的热扩散系数和弹性模量都随热处理时间的增加而提高，且纳米结构 YSZ 涂层的增加率小于传统涂层。热处理 1 h 后，纳米结构涂层的热扩散系数和弹性模量都趋于平稳，说明烧结性能与热处理时间有较大关系，且纳米双模式结构的 YSZ 涂层的抗烧结能力更好。Guignard 等人[71]对悬浮液喷涂的 YSZ 涂层在 1400 ℃分别热处理 10 h 和 55 h 来研究其烧结性能，三点弯曲测试结果表明其弹性模量随着热处理时间的增加而增大，且在前 10 h 的增加量大于后 45 h 的增加量，同样说明热处理前期对烧结的影响较大，随着时间的增加，烧结性能会趋于平稳。

1.2.4 熔融物沉积腐蚀

航空发动机在服役过程中不可避免地会遭受并吸入周围环境中以 CaO-MgO-Al_2O_3-SiO_2（CMAS）为主的玻璃相 [72-74]。高温下熔融的 CMAS 沉积到涂层表面并通过孔隙、裂纹等缺陷逐渐渗入涂层内部，与涂层发生反应，导致其物相结构发生变化。CMAS 破坏主要发生在工作环境为大量粉尘的低海拔地区的旋翼飞机引擎的 TBCs 上。而熔融硫酸盐破坏主要发生在低海拔海上巡航的飞机引擎上。CMAS 和硫酸盐沉积物都以颗粒形式沉积在涡轮机翼表面。颗粒尺寸小于 10 μm，且没有足够的动能对 TBCs 产生机械冲击破坏，常附着在机翼前缘和机翼压力面。对于 YSZ 涂层而言，当涂层表面温度超过 1240 ℃ 时，CMAS 沉积物熔化并渗入涂层。发动机停止工作时，随着温度降低，熔融 CMAS 玻璃物黏度增加，当温度降低到 CMAS 共晶点 1170 ℃ 时，CMAS 的渗入停止。冷却后，CMAS 和重新凝固的结晶相填充了 TBCs 中的孔隙、裂纹和未熔颗粒，涂层变得致密，应变容限降低。研究表明，在热循环过程中，为了保证涂层不剥落，理论计算所得的能够允许的 CMAS 渗入深度的最大值为 50 μm。当发动机停止工作时，涂层中应力瞬间增加，该值将低于 50 μm。研究人员深入研究了 CMAS 对传统 YSZ 涂层的腐蚀机理，高温下由于元素扩散，Y^{3+} 和 Zr^{4+} 会逐渐在 CMAS 中富集，由于 Y^{3+} 离子半径较大，与 Ca^{2+} 有较大的亲和力，因此 Y^{3+} 在 CMAS 中的溶解度较 Zr^{4+} 大，从而造成贫 Y 的 t-ZrO_2 相的析出，t-ZrO_2 在随后的冷却中转变为 m-ZrO_2，这是 YSZ 涂层失效的一个原因 [75]。此外，CMAS 经孔隙和裂纹渗入涂层内部，使其刚化，会引起涂层应变容限降低，这是涂层失效的另一个原因 [76, 77]。由于服役环境的影响，CMAS 在热障涂层表面沉积是不可避免的，因此只能选择合适的技术抑制 CMAS 渗入。$Gd_2Zr_2O_7$、$Y_2Zr_2O_7$、$La_2Ce_2O_7$ 等一些新材料显示出较好的抗 CMAS 腐蚀性，主要是由于其中含量相对较高的大尺寸离子（Gd^{3+}、Y^{3+}、La^{3+} 等）易与 CMAS 反应生成高熔点的磷灰石相，从而阻止 CMAS 的渗入 [78-83]。

因此，CMAS 腐蚀引起涂层的失效主要从热化学反应和热机械反应两方面来考虑。

（1）热化学反应失效：CMAS 熔体渗入涂层后，YSZ 晶粒逐渐熔解，涂层柱状晶结构逐渐消失，YSZ 中稳定剂 Y 元素逐渐熔解在熔融 CMAS 中，亚稳态 t'' 相的稳定性降低，YSZ 晶粒重新凝固为贫 Y 的单斜相 m 相和富 Y 的四方相 t 相。伴随着涂层的形貌、结构和成分显著变化，涂层表面在 CMAS 腐蚀后呈颗粒状疏松结构[84]。此外，YSZ 的 $t' \rightarrow m$ 相变伴随着 3%~5 % 的体积膨胀，会引起涂层内裂纹的萌生，加速热障涂层的剥落和破坏。

（2）热机械作用失效：在高温条件下，CMAS 沉积物熔化为黏度较低的玻璃熔体，且对涂层的润湿性较好。CMAS 熔体逐渐填充了涂层缺陷，降低了服役涂层的应变容限。在冷却过程中，渗入的 CMAS 熔体迅速凝固，涂层整体的弹性模量增加、硬度增加、孔隙率降低。由于 CMAS 和热障涂层之间的热膨胀不匹配，涂层内应力增大，诱发了涂层中纵向贯穿裂纹的萌生，水平裂纹的产生取决于 CMAS 渗入层的深度，当垂直裂纹和水平裂纹连接时，涂层发生分层剥落[84]。

此外，被 CMAS 渗入的涂层发生凝固收缩，由于渗入层和未渗入层热膨胀系数的差异，渗入层逐渐剥落，CMAS 继续腐蚀残余的涂层，直到涂层失效。Kakuda 等人测试了完全被 CMAS 腐蚀的 APS 制备的热障涂层的热性能，结果表明 CMAS 渗入后涂层最显著的变化是热导率增长了 2.3 倍。其中结晶仅仅是影响 CMAS 容积热容量的很小一部分因素，但是使其热导率增加了 2.1 倍。在服役过程中，CMAS 渗入伴随着 CMAS 结晶，此时的热导率比非晶态高了 13 %，伴随着涂层的热导率增大了 114 %[85]。

1.2.5 不同机理的交互作用

对于在热、力、环境等多条件耦合作用下服役的热障涂层而言，其失效方式是以上多种应力共同作用的结果。一方面，服役温度的升高将加速陶瓷涂层的烧结现象，烧结使涂层的弹性模量增大，从而导致陶瓷层与黏结层间热失配应力升高[86]；另一方面，烧结致密化使涂层热导率降低，隔热性能下降，意味着陶瓷层与黏结层界面处的温度升高，从而加快 TGOs 生长速率[45]。此外，热障涂层遭受 CMAS 侵蚀后可引起涂层烧结应力、TGOs 生长应力及相变等应力的累积，从而导致涂层过早失效。郭洪波等人[87]通过对 EB-PVD 涂层在 CMAS 和高温热循环耦合条件下失效机理的研究发现，CMAS 渗入大大降低了陶瓷层的应变容限，并且由于涂层厚度方向 CMAS 渗入量不同，引起其在厚度方向的梯度烧结，使涂层不同部位的机械性能发生改变，最终导致涂层的分层剥落。Kang 等人 [88, 89] 研究发现，高温下熔融 CMAS 极易渗入等离子喷涂 YSZ 涂层中，CMAS 中的一些成分（如 Al_2O_3、SiO_2 等）可以作为烧结助剂促进 YSZ 涂层的致密化，降低其烧结温度，使晶粒长大、孔隙闭合，提高其刚性和弹性模量，在冷却过程中形成贯穿涂层厚度方向的纵向裂纹，从而加速黏结层的氧化，提高 TGOs 生长速度，最终导致涂层失效。此外，CMAS 渗入引起 YSZ 涂层发生 *t-m* 相变也会导致涂层中应力累积以及裂纹的萌生与扩展。综上所述，无论是合金黏结层的高温氧化、TGOs 增厚及其相变，还是陶瓷层的相变、烧结等都与陶瓷材料本身的性能有着直接关系，因此，选择合适的陶瓷层材料对提高热障涂层的高温服役持久性起着决定性作用。

1.3 热障涂层新材料及性能

1.3.1 基体材料

目前发动机涡轮叶片所用基体材料基本为镍基高温合金，其中单晶高温合金因减少了熔点较低的晶界强化元素及增加了难熔金属元素含量使其初熔温度和高温力学性能显著提升，已成为高性能燃气轮机涡轮叶片的首选材料。自 20 世纪 80 年代以来，单晶高温合金经历了较为快速的发展。通过改变添加的合金元素成分、含量及制备工艺，国际上相继研制了使用温度比第一代单晶合金（PWA1480、CMSX-2 等）分别高约 30 ℃和 60 ℃的第二代单晶和第三代单晶 [90]。其中第二代单晶高合的主要代表包括 PWA1484、CMSX-4、ReneN5 等，第三代单晶的代表有 CMSX-10、CMSX-11、ReneN6 等。研究表明第三代单晶高温合金不仅使用温度更高，还体现出较为明显的蠕变强度优势。第四代单晶合金 RR3010 已应用在英国罗 - 罗公司的 Trent 系发动机上。Re 元素的添加及 Hf、Y、La、Ru 等合金元素，有效提升了单晶合金的持久性能。到目前为止，镍基单晶高温合金已发展了五代（以日本的 TMS-162、TMS-196 为代表）。我国自行研制的第一代单晶有 DD2、DD3、DD4、DD402；第二代单晶 DD5、DD6，Ni_3Al 基定向凝固合金包括 IC6、IC6A 和 IC10。20 世纪 80 年代末研制的 DD3 的使用温度达到了 1040 ℃，90 年代开发的 DD6 单晶和美国的第二代单晶 PWA1484 性能相当，其使用温度为 1070 ℃。目前第三代单晶 DD9 的使用温度为 1100 ℃，DD90 可达 1120 ℃；而第四代单晶 DD22 的使用温度也不超过 1130 ℃。由此可见，经历了近40 年的发展，高温合金的使用温度提高了约 60~80 ℃，即平均每年提高 1~2 ℃ [91]。

1.3.2 合金黏结层材料

合金黏结层材料同样是决定 TBCs 服役性能的关键因素，尤其是对于单晶基体，其中的 W、Ta、Re 和 Ru 等难熔元素在高温下会向 TGOs 扩散，形成金属氧化物，从而降低陶瓷层与黏结层的结合强度。研究人员 [92] 曾运用真空电弧镀方法分别制备了 NiCrAlYSi（HY3）、NiCoCrAlYHf（HY5）合金黏结层，并对其进行了真空高温扩散。然后采用 EB-PVD 技术沉积了 YSZ 涂层，发现 HY5 黏结层的热膨胀系数与第二代单晶匹配性较高，并且合金黏结层中 Al、Hf 等元素含量的增加，提高了 TGOs 层中 Al_2O_3 的纯度，降低了其生长速度，从而提高涂层高温热冲击服役性能。黏结层与单晶基体之间的互扩散会导致互扩散区（Inter-diffusion zone，IDZ）及二次反应区（Secondary reaction zone，SRZ）的产生，并析出针状的拓扑密排相（Topologically close-packed phase，TCP）。Shi 等人 [93] 对比分析了 DD98M 单晶表面 NiCrAlY 涂层及 NiCoCrAlYHfSi 涂层抗氧化性能，发现由于加入 Hf、Si 元素产生了反应元素效应（Reactive element effect），提高了氧化层和涂层之间的黏附性，从而提高其抗剥落的性能。此外，虽然铂铝化物中 Pt 元素可以提升黏结层的结合性能、耐高温氧化性能及热循环寿命，但其成本十分高昂，因此改进 McrAlY（M=Ni、Co）成分结构成为人们的首选。如德国航空太空中心 Munawar 等人 [21] 采用 EB-PVD 技术在 CMSX-4 单晶表面制备了 NiCoCrAlY-YSZ 与 NiCoCrAlYHf-YSZ 两种体系的热障涂层，对比研究表明随着黏结层 NiCoCrAlYHf 中 Hf 含量的增加（从 0.1% 至 1.0%），涂层的高温循环服役寿命线性增加，这是因为 Hf 元素与氧离子有着较高的亲和性，形成了可以延伸到黏结层内部的长条状铪氧化物，类似于机械铆合作用，有效地提高了 TGOs 与黏结层之间的结合力。并且当黏结层中掺入 Hf 的含量为 0.6 wt% 时，热障涂层在 1100 ℃ 的热循环寿命可提高近一个数量级。因此，合金黏结层材料的合理选择对 TBCs 服役寿命的提高有着重要影响。

1.3.3 陶瓷层材料

随着发动机推重比的进一步提高，陶瓷表层材料的性能成为决定高温热障涂层服役性能最关键的因素。通过对热障涂层的失效原因进行分析，发现 TBCs 陶瓷层需具备以下条件 [7]：（1）熔点较高（2000 K 以上），保证涂层能在服役温度下正常使用；（2）热导率低，可提供良好的隔热性能；（3）高温物相结构稳定，不因相变而引起涂层性能下降；（4）热膨胀系数与金属基体匹配性高；（5）断裂韧性较高；（6）弹性模量较低；（7）抗高温烧结性能优异；（8）耐熔盐腐蚀性好。目前只有极少数的材料能基本符合这些条件。

1. 氧化钇部分稳定氧化锆

如图 1-6 所示，氧化锆有三种物相结构，分别是立方（c 相，空间群 Fm-3m）结构，四方相（t 相，空间群 P42/nmc 或 P-4m2）结构和单斜（m 相，P21/a）结构。C 相属高温稳定相，在 2643 K 以上可以稳定存在；t 相在 1443~2643 K 之间温度存在；m 相属低温或室温稳定相，在 1443 K 以下稳定。随着温度的变化，这三种结构会发生如式（1-1）的相转变 [94]：

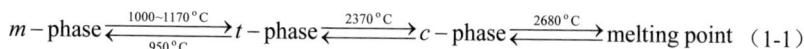

$$m-\text{phase} \xrightleftharpoons[950\,^{\circ}\text{C}]{1000\sim1170\,^{\circ}\text{C}} t-\text{phase} \xrightleftharpoons{2370\,^{\circ}\text{C}} c-\text{phase} \xrightleftharpoons{2680\,^{\circ}\text{C}} \text{melting point} \quad (1\text{-}1)$$

相对于 c 相，t 相中的 O 原子沿坐标轴（c 轴）发生了位移，但该畸变可忽略；与之相比，m 相的结构则发生了较大的畸变，其中 t 相和 m 相的转变会有 3%~5% 的体积变化，使 ZrO_2 内部产生很大的热应力，进而引起裂纹的产生。研究发现，通过离子掺杂可使 ZrO_2 的高温相结构稳定至室温，从而避免因相变引起应力累积及裂纹产生。

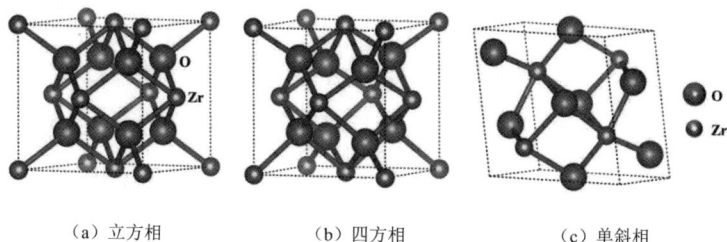

| （a）立方相 | （b）四方相 | （c）单斜相 |

图1-6 氧化锆的晶体结构

目前，使用最广泛的热障涂层材料是 6~8 wt% 的氧化钇部分稳定的二氧化锆（YSZ），并且 YSZ 具有热导率低、热膨胀系数与高温合金基体匹配性好、断裂韧性高等性能优势。但是在 1200 ℃ 以上使用时，一方面由于 Y^{3+} 的高温偏聚，t' 相会转变为 c 相和 t 相，在随后的冷却过程中，t 相逐渐转变为 m 相，导致晶格发生体积膨胀而使涂层快速失效；另一方面，YSZ 极易发生高温烧结，使涂层中的孔隙和微裂纹闭合，热导率和弹性模量增高，应变容限降低，最终使涂层寿命降低。此外，YSZ 涂层中 Y 元素极易与外界环境中的熔盐（如 CMAS 或 V_2O_5 等）反应，从而降低其物相结构稳定性。为了满足燃气轮机效率进一步提高的要求，一些高温相结构稳定的新材料引起研究人员的广泛关注。

2. 稀土锆酸盐

稀土锆酸盐（$RE_2Zr_2O_7$，RE 代表稀土元素）是一类具有立方相结构的复杂化合物。比如烧绿石结构的 $La_2Zr_2O_7$（LZ），空间群为 Fd-3m，它可以被看成是萤石结构 ZrO_2（Zr_4O_8）的衍生物，当其中 2 个 Zr^{4+} 被 2 个 La^{3+} 取代后会生成 1/8 的氧空位。氧空位可以散射声子（陶瓷材料导热的主要载体），降低声子自由程，从而降低材料导热系数。因此，$RE_2Zr_2O_7$ 的热导率普遍低于传统的 YSZ，并且具有较好的高温相稳定性 [95]。德国尤利希研究中心的 Robert Vassen[96, 97] 研究了 $La_2Zr_2O_7$（LZ），$SrCaO_3$ 及 $BaZrO_3$ 的热物理性能，发现这些材料的热膨胀系数较 YSZ 的低，其中 $SrCaO_3$ 和 $BaZrO_3$ 的热导率高于 YSZ，而 LZ 的热导率低于 YSZ，但 LZ 的断裂韧性较 YSZ 的低（如表 1-1 所示）。

另一种与 $RE_2Zr_2O_7$ 结构类似的材料是萤石结构的 $La_2Ce_2O_7$（LC，空间群 Fm-3m），由图 1-7 可见，烧绿石结构中氧空位的位置是固定不变的，只能在 8a（4 个近邻 Zr 形成的四面体中心）位置，而萤石结构中的氧空位则是随机分布的，它属于一种无序的烧绿石结构，这也是两者最大的区别。Cao 等人 [98] 通过对 LC 的深入研究发现它有着较好的高温稳定性，在 1400 ℃ 保温 336 h 不会发生相变，并且 LC 的热膨胀系数在 400 ℃ 以上比 LZ 和 YSZ 的高，但是在低温段（250 ℃ 左右）其热膨胀系数会发生突降，这不利于涂层的长效服役。通过将 CeO_2 和 LZ 混合形成的 $La_2(Zr_{0.7}Ce_{0.3})_2O_7$ 不仅改善了 LC 热膨胀系数突降的缺点，同时可以提高 LZ 的热膨胀系数，并且其热导率低于 LC[99-102]。此外，$RE_2Zr_2O_7$ 结构的衍生物，如 $La_2(Zr_{1-x}Ce_x)_2O_7$、$La_2(Zr_{1-x}Yb_x)_2O_7$、$(La_xGd_{1-x})_2Zr_2O_7$ 等也得到了广泛研究。Wan 等人[103] 对一系列 $(La_xGd_{1-x})_2Zr_2O_7$ 材料的热导率变化进行了研究，并建立了点缺陷声子散射模型分析了掺杂离子质量和半径对该材料的热导率影响规律，发现当 Gd^{3+} 和 La^{3+} 的含量相当时，材料的热导率最低，即掺杂离子的质量、半径与母体材料相差越大，降低热导率的效果越显著。接着又对 $(La_{1-x}Yb_x)_2Zr_2O_7$ 的热导率进行了研究[104]，当 x=1/6 时，材料的热导率接近其非晶态时的最低值。这主要是由于利用尺寸小、质量大的 Yb^{3+} 取代尺寸大的 La^{3+} 后，Yb^{3+} 的热振动加剧，在 Yb^{3+} 周围激发出新的局部或不相干振动模式，即所谓的"rattling"效应，从而增强了声子散射，降低了材料热导率；但利用半径大的 La^{3+} 掺杂 $Yb_2Zr_2O_7$ 时未出现类似现象，因此，尺寸小、质量重的原子取代尺寸大的原子是产生该效应的前提。此外，用尺寸较小的阳离子掺杂烧绿石结构材料能提高其热膨胀系数。Guo 等人[105] 利用不同含量的 Sc_2O_3 掺杂 $Nd_2Zr_2O_7$，并对其热膨胀系数变化进行了研究，发现当掺杂剂的含量为 10 mol% 时，其热膨胀系数最高，这是因为在体系中形成了 Sc 的间隙原子，并伴随着 O 间隙原子的形成，因 O^{2-} 与 O^{2-} 离子的排斥作用，多余的氧占据了烧绿石结构的空位位置，从而降低了 16d 位置 Nd^{3+} 离子和 8b 位置 O^{2-} 离子的距离，使马德龙系数降低，从而降低了结合能；当掺杂剂含量增加时，则会形成萤石结构的 $Sc_2Zr_2O_7$，使热膨胀系数下降。由此可见，利用稀土氧化物掺杂稀土锆酸盐是进一步改善其热物理性能的有效方法。

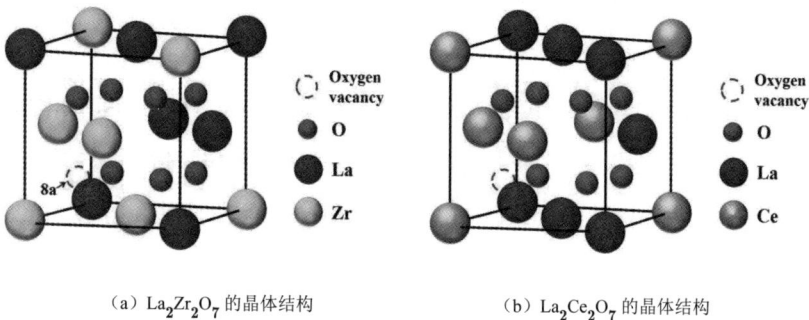

（a）$La_2Zr_2O_7$ 的晶体结构 　　　　　　　（b）$La_2Ce_2O_7$ 的晶体结构

图1-7　$RE_2Zr_2O_7$型晶体结构

3. 稀土钽酸盐

稀土钽酸盐是美国加州大学圣芭芭拉分校 Pitek 及哈佛大学 Clarke 等人[106, 107] 提出的一类具有铁弹性的新型热障涂层材料，以 $YtaO_4$ 材料为例，它存在 t 相和 m 相两种结构类型。T 相的空间群为 I41/a，其 Ta 和 Y 在同一个 a-b 平面上，且在 c 轴上的距离相等。M 相空间群为 I12/a1，Ta 和 Y 不在一个平面上，并且平面沿长轴（b 轴）方向距离不等。此外，t 相中每个 TaO_4 四面体中的 Ta-O 键长度相等，而在 m 相中则有轻微的偏差。$YtaO_4$ 的使用温度可达 1600 ℃，热导率低于 YSZ，并且也存在 t-m 相变，但该相变不会产生较大体积膨胀，也不会引起裂纹的扩展。Feng 等人[108] 发现其在室温下为稳定的 m 相，而在 1430 ℃ 以上会转变为 t 相，相变过程中会形成一定的铁弹畴，从而体现出铁弹性增韧的效果，在高温热障涂层领域显示出一定的潜力。稀土钽酸盐还存在多种不同类型的结构，如 RE_3TaO_7、$RETa_3O_9$ 等，其详细的性能如表 1-1 所示，但是目前对其力学性能的研究报道还比较少。

4. 六铝酸盐

六铝酸盐属于六方晶系结构，P63/mmc 空间群，是由互成镜面像的尖晶石及其镜面层相互交替堆叠形成的层状结构化合物。具有磁铅石结构的 $LaMgAl_{11}O_{19}$（LMA，见图 1-8）因其较好的高温稳定性、抗高温烧结性和较低热导率引起了人们的普遍关注。研究显示，LMA 在 1400 ℃ 热处理不会发生相变，其断裂韧性相对较高，但热膨胀系数较 YSZ 低很多[109]（如表 1-1 所示），并且热膨胀系数与结构有较大关系，与其成分无关。此外，LMA 热障涂层在高温潮湿的环境中易发生分解，破坏结构稳定性。喷涂过程中还会产生一定的无定型组织，在使用过程中发生再结晶引起体积收缩导致涂层过早失效[110]。其他成分的类似材料如 $PrMgAl_{11}O_{19}$、$NdMgAl_{11}O_{19}$、$GdMgAl_{11}O_{19}$ 等[111] 也得到了一定的研究，这些材料的弹性模量普遍较高（大于 270 GPa），容易导致涂层高温热循环服役中应变容限降低或热膨胀失配应力升高。

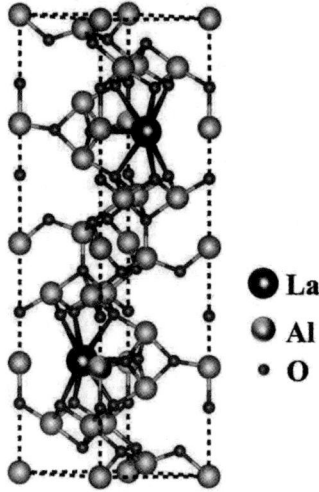

图1-8 LMA晶体结构图示

5. 钙钛矿

钙钛矿组成为 ABO_3（见图1-9），它随 A 位和 B 位元素的不同会呈现出不同的性能。因此，钙钛矿结构的材料在电子、磁学、光学及催化方面有着广泛的应用。ABO_3 材料通常具有高熔点和抗烧结能力，但作为热障涂层材料因其某一方面性能较差而受到限制。如 $SrZrO_3$ 高温热稳定性较差，温度在 1376 K 以上时为立方相，低于 1376 K 时呈四方相，这种结构转变伴随着一定的体积变化，不利用涂层长时间服役[112]。而对于 $BaZrO_3$ 涂层，其热膨胀系数较低（见表 1-1）。

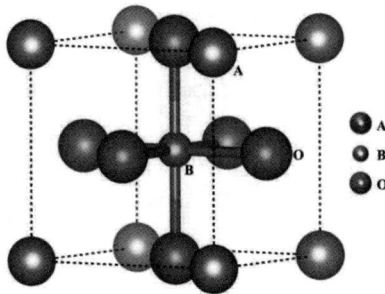

图1-9 ABO3的晶体结构示意图

上述一些新型陶瓷材料（如 LC、LZ 等材料）单独作为热障涂层使用时，其热循环寿命较低，与 YSZ 结合制成双陶瓷层或功能梯度涂层（YSZ 作底层）使用时，会显示出较好的高温热循环性能。但是大量研究表明，无论是双陶瓷层涂层还是梯度涂层，其失效部位通常出现在 YSZ 与新陶瓷材料界面处，异质材料间的界面因其各方面性能差异较大，导致其热应力较高，是裂纹最易萌生的部位。

表1-1　热障涂层材料热物理机械性能[7, 96, 97, 102, 113-123]

材料	热膨胀系数/×10⁻⁶K⁻¹	热导率/W·m⁻¹·K⁻¹	断裂韧性/MPa·m¹ᐟ²	弹性模量/GPa
YSZ	10.7(1273 K)	2.5-3.0(300~1273 K)	5±0.2	210±10
$La_2Ce_2O_7$	11.8(1473 K)	0.7(973 K)	1.3-1.5	49
$La_2Zr_2O_7$	9.1	1.56	1.1±0.2	175
$La_2(Zr_{0.7}Ce_{0.3})_2O_7$	10.2(1473 K)	1.1(1173 K)	3.5±0.2	-
$(La_{0.7}Gd_{0.3})_2Ce_2O_7$	10.5~12(1273 K)	1.55(1073 K)	-	-
$Gd_2Zr_2O_7$	10.4	1.28	1.2	118
$Nd_2Zr_2O_7$	9.6	1.25(1073 K)	0.86	116
$Yb_2Zr_2O_7$	10.5(1273 K)	1.8(1273 K)	-	-
$LaMgAl_{11}O_{19}$	8.5	1.48	3.7	304
$LaTi_2Al_{11}O_{19}$	10.2(1273 K)	2.4(1273 K)	1.9-2.5	240±13
$BaZrO_3$	7.9	3.42	-	181
$SrZrO_3$	10.9	2.3	1.5±0.1	170±4
$Y_3Al_5O_{12}$	9.1	3.0(1273 K)	-	-
$LaPO_4$	10.5(1273 K)	1.8(973 K)	-	133
$YtaO_4$	-	1.4-2.8(300~1173 K)	-	-
$DyTaO_4$	10.0	1.6~2.7	-	135.45
$ErTaO_4$	-	2.5~4.0	-	-
Eu_3TaO_7	9.8(1000 K)	1.55~2.02	-	245
$GdTa_3O_9$	5(1273 K)	1.8(1073 K)	1.5	-
$NdTa_3O_9$	5(1273 K)	2.7(1073 K)	1.2	-
RE_2SiO_5	6.94~8.84(1273 K)	1.1~1.6(1273 K)	-	144~172

6. 二元氧化物共掺杂氧化锆

以上新材料由于各自的一些缺点（如：热膨胀或断裂韧性较低），不能完全满足热障涂层长时间、高效率运行的要求。研究发现，多元氧化物掺杂氧化锆会引入热力学稳定的，不可移动的氧化物缺陷簇或纳米相，这些纳米级的缺陷簇或纳米相被认为是降低热导率，提高抗烧结性及长期高温稳定性的主要原因[124]。此外，由于化合价、原子质量、离子半径等差异会增加晶格畸变，同时引入更多的氧空位、替代原子或间隙原子等点缺陷，这些点缺陷对材料的热膨胀、热导率、断裂韧性及弹性模量等有重要影响。因此，系统研究点缺陷对二元或多元稀土掺杂氧化锆材料的物相稳定性、热物理、机械性能的作用机制，构建点缺陷对氧化锆基 TBCs 材料的热学及力学性能影响的理论模型，可以为高性能热障涂层材料提供理论支撑。此外，四方相结构的材料在高温下存在铁弹性，在外部应力作用下会发生类似相变增韧的铁弹性畴转变增韧效应，使得四方相结构陶瓷的断裂韧性普遍优于立方相。因此，以二元或多元氧化物掺杂的氧化锆材料得到广泛关注。Wang 等人[125]研究了 ZrO_2-CeO_2-TiO_2 体系的相结构及热物理性能，发现 $(Ce_{0.15}Ti_{0.05})Zr_{0.8}O_2$ 的热膨胀系数较 YSZ 的高，热导率（2.18~1.65 $W·m^{-1}·K^{-1}$）比 YSZ 的低，并且在 1300 ℃热处理 96 h 仍为单一的四方相结构。Mevrel 等人[126, 127]研究了不同含量 Y_2O_3 掺杂的 ZrO_2 材料的热导率，随着 Y_2O_3 的增多，即氧空位的增加，其热导率呈降低的趋势。Winter 等人[127]还指出，对于常用的 8YSZ 热障涂层材料，其氧空位间的平均距离约为 1.28 nm，但是随着稳定剂浓度的逐渐增加，Y^{3+} 可能会发生聚集，氧空位则逐渐趋于有序化。平均空位距离或声子自由程的降低速率逐渐减慢，即热导率降低的趋势随着稳定剂的增加逐渐减缓。此外，替代原子等缺陷同样会影响氧化锆基材料的热导率。Shen 等人[128]研究了无氧空位存在的等摩尔 $YO_{1.5}$-$TaO_{2.5}$ 及 $YbO_{1.5}$-$TaO_{2.5}$ 共掺杂四方相 ZrO_2 的热导率，发现这些材料热导率同样低于 YSZ，其原因主要是替代原子和 Zr 原子之间的较大质量差，并且质量差异越大，声子散射作用越强。对于如何提高氧化锆基材料的热膨胀系数，目前主要集中在通过掺杂降低体系能量。Qu 等[129]研究了 Dy^{3+} 掺杂 YSZ 的热力学性能，发现其热膨胀系数较 YSZ 有很大提高，主要是由于 Dy-O 的离子键能较小，以及 Dy^{3+} 相对较大的离子半径。此外，利用一定量的离子半径较小的 Ti^{4+} 掺杂 YSZ 会导致其发生晶格畸变以及局部无序化，同样能提高其热膨胀系数[130]。

7. 高熵陶瓷热障涂层材料

熵是热力学中表征物质状态的参量之一，是体系混乱程度的度量。多元稀土共掺杂会引起体系较大的混乱度，即随着体系组元数的增多，系统混乱度增大，熵值越高。材料体系的组态熵 $\Delta S=R\ln N$，其中 N 为等摩尔组分个数，R 为理想气体常数。研究人员根据体系组态熵的大小，将材料定义为低熵、中熵和高熵材料。高熵材料是一种多主元高熵合金化设计的单相材料体系，换言之，体系中核心组元的摩尔比是等量化或近等量化设计的，即不区分主次元的去中心化设计思想。多主元高熵合金是近年来材料研究领域的重大突破之一，其颠覆了传统合金存在 1 种或 2 种主元素的设计理念。由 5 种或 5 种以上的等 / 近等原子比元素组成，并且倾向于形成体心立方晶格或面心立方晶格的简单固溶体，而非金属间化合物或其他复杂有序相。基于高熵合金独特的成分特点，其具有 4 大核心效应 [131]：(1) 热力学上的高熵效应。高的混合熵增加了材料的固溶度，有利于固溶体相结构的形成；(2) 动力学上的迟滞扩散效应。不同组元之间的相互作用以及较大的晶格畸变，会对组元间的协同扩散产生影响，从而降低了扩散速率；(3) 结构上的晶格畸变效应。高熵固溶体中各种原子随机占据晶体的点阵位置，引起晶格发生严重畸变，对材料的力学、热学乃至化学性能产生较大影响；(4) 性能上的鸡尾酒效应。在高熵合金基础上，Rost 等人 [132] 于 2015 年首次提出了一种盐岩结构的高熵陶瓷 (High Entropy Ceramics，HECs)。如今，在不同领域有巨大应用潜力的各种结构类型的新型高熵陶瓷陆续被研究者们成功合成。随着高熵陶瓷中主元数目的增加，材料组合数呈指数增长，这为材料优化设计提供了更高的自由度。为获得更低热导率、较大热膨胀系数和优异力学性能而不牺牲其他性能的新型热障涂层陶瓷材料，高熵合金化设计为其提供了新的思路。

高熵热障涂层陶瓷材料是在原有材料结构基础上，通过在特定原子占位上引入局部高熵设计，使材料的某些性能因高熵化而加以改善，以更好地满足热障涂层的高温服役要求。目前，对高熵热障涂层材料已经进行了大量研究，并证实其为潜在的高温热障涂层候选材料。

高熵稀土锆酸盐（$RE_2Zr_2O_7$）陶瓷具有良好的高温相稳定性、较好的抗烧结性以及较低的热导率。我们通过固相反应法制备了一系列烧绿石 / 萤石结构的稀土锆酸盐高熵陶瓷，发现材料的物相结构变化规律较为复杂，当利用离子半径较大的 Ce^{4+} 掺杂 Zr^{4+} 时可能因高熵陶瓷较大的晶格畸变与成分复杂性导致双相结构的形成，如

$(La_{1/5}Nd_{1/5}Sm_{1/5}Eu_{1/5}Gd_{1/5})_2(Zr_{0.7}Ce_{0.3})_2O_7$ 为萤石和烧绿石双相共存结构。基于此，作者提出了形成了烧绿石－萤石双相高熵陶瓷的判据，当 $RE_2Zr_2O_7$ 的 RE 位和 Zr 位阳离子半径比（rRE : rZr）接近 1.5，且尺寸无序度大于 5% 时，更容易形成具有烧绿石和萤石双相共存结构的高熵陶瓷（见图 1-10）[133]。

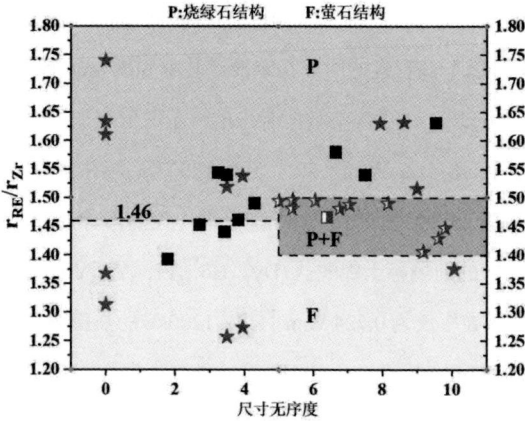

图1-10　高熵稀土锆酸盐物相结构与离子半径比、尺寸无序度的关系

此外，Li 等人 [134] 制备的高熵稀土锆酸盐 $(La_{1/5}Nd_{1/5}Y_{1/5}Eu_{1/5}Gd_{1/5})_2Zr_2O_7$ 陶瓷在 300~1500 ℃的热导率均低于 1.0 $W·m^{-1}·K^{-1}$，远低于相应单一主元的锆酸盐陶瓷。由于陶瓷中 RE 位多主元高熵设计引起较大的原子质量差与离子半径差，以及键能波动和晶格畸变有利于散射声子，降低声子平均自由程，因此有利于降低热导率。但是该体系材料的断裂韧性较低，同样需要与力学性能较好的 YSZ 复合使用。Zhou 等 [135] 采用大气等离子喷涂制备了 $(La_{1/5}Nd_{1/5}Sm_{1/5}Eu_{1/5}Gd_{1/5})_2Zr_2O_7$ 高熵陶瓷与 YSZ 双陶瓷层结构的热障涂层，热冲击试验表明双涂层比单 YSZ 涂层具有更好的高温稳定性。

$YAlO_3$ 同样是潜在的热环障涂层材料，但其热导率较高，制备的涂层隔热性能较差，多主元高熵化设计是改善其热物理性能的有效方法。Zhao 等 [136] 制备了具有钙钛矿结构的高熵稀土铝酸盐 $(Y_{1/5}Nd_{1/5}Sm_{1/5}Eu_{1/5}Er_{1/5})AlO_3$，其室温下热导率为 4.1 $W·m^{-1}·K^{-1}$，约为 $YAlO_3$ 的三分之一，该材料可作为一种热障环境障涂层候选材料。Zhao 等 [137] 同样制备了具有尖晶石结构的高熵稀土铝酸盐 $(Nd_{1/5}Sm_{1/5}Eu_{1/5}Y_{1/5}Yb_{1/5})_4Al_2O_9$，其热导率为 1.50 $W·m^{-1}·K^{-1}$。

稀土锆酸盐等复杂结构热障涂层材料的力学性能相对较低。由于钽/铌酸盐具备高熔点、铁弹增韧等特性，近年来，高熵稀土钽/铌酸盐作为热障涂层候选材料备受关注。采用固相法制备了三种具有单斜结构的单相稀土钽酸盐高熵陶瓷 $(Nd_{1/6}Sm_{1/6}Eu_{1/6}Gd_{1/6}Dy_{1/6}Ho_{1/6})TaO_4$（6RETaO$_4$）、$(Nd_{1/5}Sm_{1/5}Eu_{1/5}Gd_{1/5}Dy_{1/5})TaO_4$（5RETaO$_4$）和 $(Nd_{1/4}Sm_{1/4}Eu_{1/4}Gd_{1/4})TaO_4$(4RETaO$_4$)，扫描透射电子显微镜－X射线能谱 (STEM-EDS) 的分析表明掺杂的稀土元素分布均匀[138]。通过扫描电子显微镜 (SEM) 观察到由四方－单斜的二级铁弹相变形成的铁弹畴。热膨胀测试表明 RETaO$_4$ 高熵陶瓷在 1200 ℃ 以下具有良好的热稳定性，其中 6RETaO$_4$ 的热膨胀系数可以达到 9.25×10^{-6} K^{-1} (1200 ℃)。由于高熵效应带来的声子散射增加，RETaO$_4$ 高熵陶瓷具有较低的晶格热导率 (2.98~1.23 W·m^{-1}·K^{-1}，100~1000 ℃)，并且表现出良好的力学性能（6RETaO$_4$，9.97 GPa±2.2 GPa），是潜在的下一代热障涂层材料。Zhu 等[139] 成功制备了缺陷萤石结构的高熵稀土铌酸盐 $(Dy_{1/5}Ho_{1/5}Er_{1/5}Y_{1/5}Yb_{1/5})_3NbO_7$（5RE$_3NbO_7$）陶瓷，其室温下的热导率仅为 0.724 W·m^{-1}·K^{-1}，1200 ℃的热膨胀系数为 10.2×10^{-6} K^{-1}，断裂韧性为 2.13 MPa·m$^{1/2}$。

高熵热障涂层陶瓷材料虽具有更丰富的组合类型和更诱人的性能特征，但其组合数据库过于庞大和复杂，很难从试验角度逐一进行材料验证。目前，高熵陶瓷大量研究工作仍聚集在材料的成分设计、单相/双相形成能力、制备方法、热物理性能等方面，其实还有很多问题亟待解决，比如高熵陶瓷的成分－结构－性能之间的相互关系仍需要进一步探索。目前，最有可能在高温热障涂层领域应用的新材料仍然是氧化锆基陶瓷。

1.4 热障涂层材料的设计

1.4.1 四方相氧化锆增韧机理

APS 及 EB-PVD 制备的 YSZ 涂层主要为 t' 相结构，因其优异的综合性能成为热障涂层的首选，但是 YSZ 不能在 1200 ℃ 以上长期服役，而具有烧绿石或萤石结构（立方相）的材料虽然具有较低的热导率或弹性模量，但其断裂韧性远低于 YSZ，不能单独作为热障涂层使用。

t'-YSZ 较高的断裂韧性主要由于两方面原因：相变增韧与铁弹性畴态转变增韧。亚稳态的 t' 相有向 t 相和 c 相转变的趋势，t 相在冷却过程中会转变为 m 相。如图 1-11（a）所示，当 ZrO_2 材料中因裂纹产生导致应力减小时，会发生 t 相到 m 相的转变，并伴随 3%~5% 的体积膨胀，该相变引起的体积膨胀产生使裂纹缩小的压应力，从而阻止该裂纹的进一步扩展 [141, 142]。此外，研究发现 [140, 143]，t' 相 ZrO_2 具有铁弹性，在外部应力（如裂纹尖端应力集中处）作用下会发生晶格的重新取向，即铁弹畴方向变化，从而耗散裂纹尖端的能量，不足以使裂纹继续扩展，体现出一定的增韧效果【见图 1-11（b）】。以上这两种增韧方式都是 t'-ZrO_2 所特有的，因此具有更高四方相稳定性的氧化锆基热障涂层显示出更大的优势，而如何提高氧化锆基材料的物相稳定性，并在此前提下进一步提高其热物理机械性能显得尤为重要。

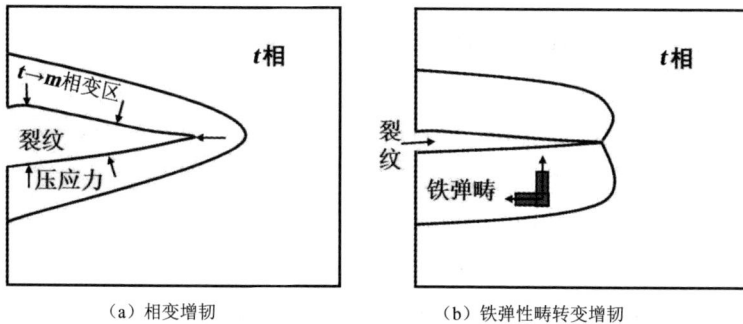

（a）相变增韧　　　　　　　　（b）铁弹性畴转变增韧

图1-11　四方相氧化锆增韧机制示意图

1.4.2　稀土元素的选择依据

离子掺杂对 ZrO_2 的晶体结构及性能有较大的影响，而作为 ZrO_2 的结构稳定剂需要具备一定的条件：离子半径与 Zr^{4+} 相近；掺杂后能形成一定量的氧空位缺陷；稳定剂本身具有四方或立方晶体结构，因此，稀土元素成为最常用的稳定剂，并得到广泛研究。稀土元素主要是指所有 La 系元素以及 Y、Sc 共 17 种，其中，Y 作为 ZrO_2 的稳定剂已经显示出巨大的作用。这些稀土氧化物主要呈三价态，掺杂取代四价的 Zr^{4+} 后会产生一定量的氧空位，氧空位对陶瓷材料的热物理、机械性能有着较大的影响，如氧空位作为一种较强的声子散射源可以降低热导率；氧空位越多，金属阳离子与氧离子的结合能降低，有利于提高热膨胀系数；氧空位的存在又有利于降低材料的弹性模量；但氧空位的增加会降低四方相氧化锆的四方度，不利于断裂韧性的提高 [140]。此外，掺杂离子的质量和半径对材料的性能也有重要影响，原子质量或离子半径

与 Zr^{4+} 离子的差异越大，越有利于降低热导率，因此选择合适的稀土元素对提高其性能有重要意义。在众多的稀土氧化物中，Sc_2O_3-ZrO_2 相图的四方相区域最宽（4mol%~8 mol%）[144]，这意味着当该体系中引入更多的 Sc^{3+} 时，仍可以保持其 t 相结构，并且体系中氧空位的含量增加，可进一步降低热导率、提高热膨胀系数。此外，Sc^{3+} 的质量较 Zr^{4+} 或 Y^{3+} 小得多，其较大的原子质量差异同样有利于降低体系热导率。大量研究发现，高温下 Sc_2O_3 和少量的 Y_2O_3 共同掺杂 ZrO_2 陶瓷较单一的 Sc_2O_3 掺杂 ZrO_2 具有更加优异的四方相结构稳定性 [145, 146]。因此，主要以 Sc_2O_3 和 Y_2O_3 共掺杂 ZrO_2 陶瓷材料为基础，系统研究了其物相稳定性、热物理、机械性能及高应变容限涂层的高温性能。

1.5　热障涂层的技术瓶颈

从热障涂层失效的机理来看，无论是因 TGOs 生长应力，抑或是陶瓷层的相变及腐蚀等都与陶瓷层材料性能的好坏息息相关。目前，使用最广泛的热障涂层材料是 YSZ，但它在 1200 ℃ 以上长时间使用时容易发生 t-m 的有害相变和高温烧结，使涂层内应力逐渐累积并最终导致其快速失效，因此高温性能更为优异的新型热障材料的开发势在必行。但目前的新材料大都存在某一方面的缺陷，如高温物相结构稳定性差、断裂韧性或热膨胀系数低等，使其不能在高温下更有效地保护金属基体。四方相氧化锆因其特有的相变增韧和铁弹性畴转变增韧效果而具有较高的断裂韧性，以此为出发点，系统探索如何提高四方相氧化锆的高温稳定性，并进一步挖掘影响该体系热物理机械性能的因素。另一方面，热障涂层的性能和涂层的结构类型密切相关，柱晶结构的 EB-PVD 涂层应变容限好，热循环寿命较高，但涂层制备成本同样较高，并且其热导率较高，EB-PVD 涂层在更高的服役温度下热循环寿命可能会大大降低。层片状结构的 APS 涂层一般有着相对较低的热导率，但其热循环寿命却低于 EB-PVD 涂层，通过对其高温服役过程中结构演变和失效机理的探索，设计兼具上述两种结构涂层优点的热障涂层是提高其热循环使用性能的另一个思路。

基于目前热障涂层领域存在的问题，本书主要针对氧化钪（Sc_2O_3）和氧化钇（Y_2O_3）共稳氧化锆（ScYSZ）材料，首先运用分子动力学模拟与实验相结合的方法研究了 Sc、Y 掺杂对 ZrO_2 陶瓷材料热物理机械性能的影响规律；然后采用高性能超音速等离子喷涂制备了典型结构的 ScYSZ 涂层，对其在高温热循环过程中的结构演变与失效模式进行了深入分析；基于上述研究，运用超音速悬浮液等离子喷涂系统制备了具有高应变容限、类柱晶结构的 ScYSZ 涂层；最后对 ScYSZ 陶瓷耐高温 CMAS 腐蚀机理进行了探讨，以期为高性能热障涂层的设计提供重要依据。本书第 2 章主要研究了 Sc^{3+} 掺杂对 YSZ 基陶瓷高温物相结构的作用机制，并通过分子动力学模拟与实验相结合的方法研究二元稀土氧化物（Sc_2O_3 和 Y_2O_3）掺杂对四方相氧化锆材料热物理性能的影响规律。通过构建基于氧空位含量变化和阳离子质量差异的声子散射新模型，更准确地描述了氧空位含量变化及阳离子质量差异对二元或多元稀土掺杂氧化锆基热障涂层材料导热系数的作用规律。二元稀土氧化物掺杂氧化锆材料的机械性能研究。主要针对致密块体材料的断裂韧性及弹性模量与其成分关系进行深入研究。第三章进行了超音速等离子喷涂薄片亚微米和纳米"双模式"结构 ScYSZ 涂层隔热性能、抗氧化性能及火焰热冲击性能研究，并对其在 1300~1330 ℃热循环过程中的结构演变与失效模式进行详细剖析。第四章主要是具有高应变容限、类柱晶结构热障涂层的设计与优化。运用超音速悬浮液等离子喷涂技术，探索喷涂参数与涂层结构间的相互关系，并结合有限元模拟方法分析不同结构涂层热循环过程中的应力变化，在此基础上制备了高性能 ScYSZ 热障涂层。第六章揭示了 ScYSZ 陶瓷耐 CMAS 腐蚀机理研究。对比分析 ScYSZ 与 YSZ 在 1320 ℃的 CMAS 腐蚀条件下的耐腐蚀性能及其腐蚀机理，为抗 CMAS 腐蚀涂层的开发与制备提供重要参考。

第2章 ScYSZ材料热物理与力学性能的理论计算与实验研究

2.1 引言

传统 YSZ 材料虽具有热导率低、抗热冲击性能高、热膨胀系数与高温合金基体接近等优点，但对于更苛刻的服役环境（比如 1200～1600 ℃的涡轮服役温度），非转变四方相（t'）YSZ 会逐渐转变为四方相（t）和立方相（c）结构，其中 t 相在冷却过程中易于向单斜相（m）转变，二者晶体结构差异引起的体积膨胀会使陶瓷层内应力增加，从而在陶瓷层内或者涂层／黏结层界面附近产生裂纹，导致涂层剥落失效。其实，对于 t' 相 YSZ 涂层而言，只要发生物相结构变化，如 t' 相变为 c 相，对热障涂层的长效服役也是不利的，因为 c 相的力学性能较 t' 相低得多 [56]。此外，YSZ 涂层在高温下极易发生烧结，烧结过程中涂层孔隙和裂纹消失，导致涂层杨氏模量增大，这些变化都将使涂层中贮存的弹性能增大，从而降低涂层的热循环寿命。因此，YSZ 热障涂层不适合在 1200 ℃以上长时间服役。为研发具有更高推重比、更高可靠性及更长服役周期的热障涂层，具有更高承温能力和隔热效果的新型热障涂层材料的开发成为必然选择。

国内外对于新型热障涂层材料研究的热点方向主要有两个：一是稀土锆酸盐（分子式：$R_2Zr_2O_7$，其中 R 指 Y、La、Sm、Gd、Dy、Er 及 Yb 等稀土元素）、铈酸镧（$La_2Ce_2O_7$）及 $LaMgAl_{11}O_{19}$（LMA）等新材料 [7]，主要利用其复杂的晶体结构和较多的缺陷以获得更低的热导率、更低的烧结活性与更高的高温物相稳定性。但是这些材料的断裂韧性或热膨胀系数较低，作为单一隔热涂层使用时热循环寿命很低。具有四方相结构的氧化锆因其特有的相变增韧机制和铁弹性畴转变增韧效果而显示出较立方相更高的断裂韧性 [56]。因此，通过在现有 YSZ 材料中掺杂 Gd_2O_3、Yb_2O_3、La_2O_3、HfO_2、CeO_2、Sc_2O_3 等氧化物或它们的混合物来提高 YSZ 材料的高温四方相稳定性，并进一步降低其热导率、提高热膨胀系数成为高性能热障涂层材料的另一个研究热点 [68, 69]。根据 ZrO_2-R_2O_3 的二元相图（见图 2-1）及物相成分与离子半径及浓度关系发现，与其他稳定剂相比，Sc_2O_3 作稳定剂时体系的四方相成分区域（4 mol%~8 mol% Sc_2O_3）较宽，这意味着可以在保持其四方相结构的前提下掺杂较多的 Sc^{3+}，进而引入更多的氧空位，而氧空位是降低体系热导率、提高热膨胀系数的一个重要因素，因此 Sc_2O_3 是极具潜力的一种稳定剂。另外，多元氧化物掺杂氧化锆会引入热力学稳定的、不可移动的氧化物缺陷簇或纳米相，这些纳米级的缺陷簇或纳米相的存在可降低热导率，提高抗烧结性及长期高温稳定性[124]。因此，本章以二元稀土氧化物 Sc_2O_3 和 Y_2O_3 共掺 ZrO_2 为基础，以高温四方相稳定性较好的结构材料体系为前提，对决定热障涂层使用寿命的热物理机械性能进行了系统研究。首先探讨了 Sc^{3+} 掺杂提高 YSZ 材料高温四方相稳定性的内在原因；然后运用分子动力学模拟与实验测试相结合的方法探索了稀土 Sc、Y 共掺杂对氧化锆基陶瓷热导率和热膨胀系数的影响规律；在此基础上，基于氧空位含量变化和阳离子质量差异的影响，对经典的点缺陷声子散射模型进行了修正，使其能更准确地预测与计算二元或多元氧化物掺杂氧化锆材料的热导率；最后对其断裂韧性和弹性模量进行了表征，为高性能热障涂层材料的设计提供了重要借鉴。

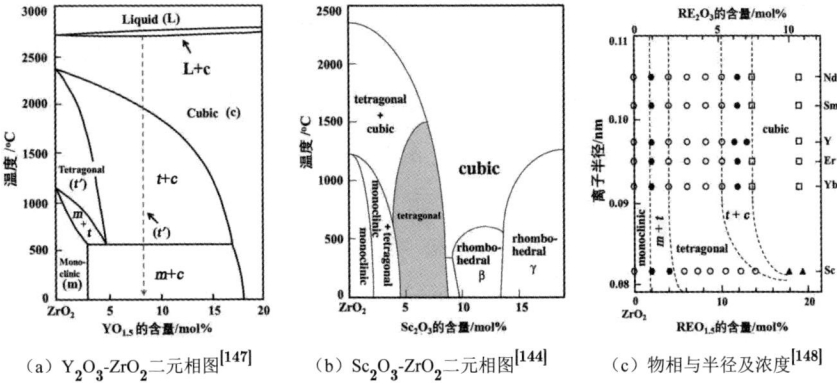

（a）Y_2O_3-ZrO_2二元相图[147]　　（b）Sc_2O_3-ZrO_2二元相图[144]　　（c）物相与半径及浓度[148]

图2-1　ZrO_2-R_2O_3（R=Y或Sc）体系二元相图

2.2　纳米粉末材料制备

本书中热障涂层材料的热物理性能与力学性能研究所用陶瓷粉末是纳米级的氧化钇（8 wt%）部分稳定氧化锆及氧化钪（7.0 mol%）和氧化钇（0.5 mol%）共同稳定氧化锆。以 $ZrOCl_2·8H_2O$、$Sc(NO_3)_3·6H_2O$ 和 $Y(NO_3)_3·6H_2O$ 为原料，去离子水为溶剂，按摩尔百分比配制成含 Zr、Sc 和 Y 的金属离子总浓度为 0.4 mol·L^{-1} 的水溶液，再向溶液中加入 $C_6H_8O_7·6H_2O$ 和 PEG-2000，其中每升溶液中 $C_6H_8O_7·6H_2O$ 的添加量为 100 g，PEG-2000 的添加量为 10 g，搅拌至澄清透明，制得溶胶；然后搅拌条件下加入 $NH_3·H_2O$ 调节 pH 至 8~9，经陈化、水洗、干燥后获得干凝胶，并经研磨后获得 ScYSZ 粉体；YSZ 粉体制备与其类似。两种粉末粒径大小较为均匀，其中 YSZ 的粒径约为 20~50 nm，ScYSZ 粉末的粒径约为 30~70 nm。

2.3　物相结构稳定性

本书材料成分的设计首先参考 Sc_2O_3-ZrO_2 二元相图，原则是保持 ZrO_2 为四方相（t）结构，因此 Sc_2O_3 的含量应在 4 mol%~8 mol% 范围内【见图 2-1（b）】，Y_2O_3 的含量低于其在传统 YSZ 中的含量 4 mol%，选取的材料体系如表 2-1 所示。其中，材料 5.5Sc-0.5Y 代表的是 5.5 mol% 的 Sc_2O_3 和 0.5 mol% 的 Y_2O_3 共掺杂 ZrO_2，其他材料以此类推。此外，本书用来与 YSZ 作性能对比的 ScYSZ 材料和涂层所用成分均为 7.0Sc-0.5Y。

t' 相和 t 相氧化锆主要通过其四方度（晶格常数 c/a）来区分，由于所掺杂的稳定剂含量较为接近，为了更精确地获取不同试样的晶格常数及其四方度，采用 GSAS 软件对 XRD 图谱进行了 Rietveld 精修[149]。图 2-2 所示为不同试样的 XRD 精修结果，通过其拟合度参数值可以看出实验结果与计算结果的拟合度较高[150]，R_{wp} 的值都小于 12%，R_p 的值小于 8%，x 值小于 2%，精修获得的晶格常数和四方度见表 2-1。试样 5.5Sc-0.5Y 的四方度最小，约为 1.0057，并且所有试样的四方度都小于 1.010[69]，可以确定其为 t' 相。

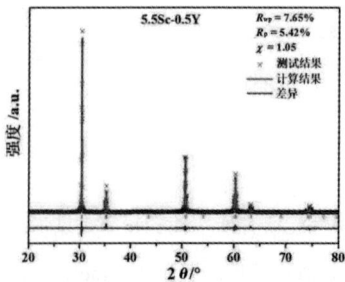

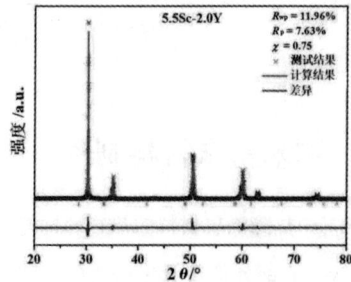

（a）5.5Sc-0.5Y　　　　　　　　　　　（b）5.5Sc-2.0Y

（c）6.5Sc-1.0Y　　　　　　　　　　（d）7.0Sc-0.5Y

（e）8.0Sc-1.0Y

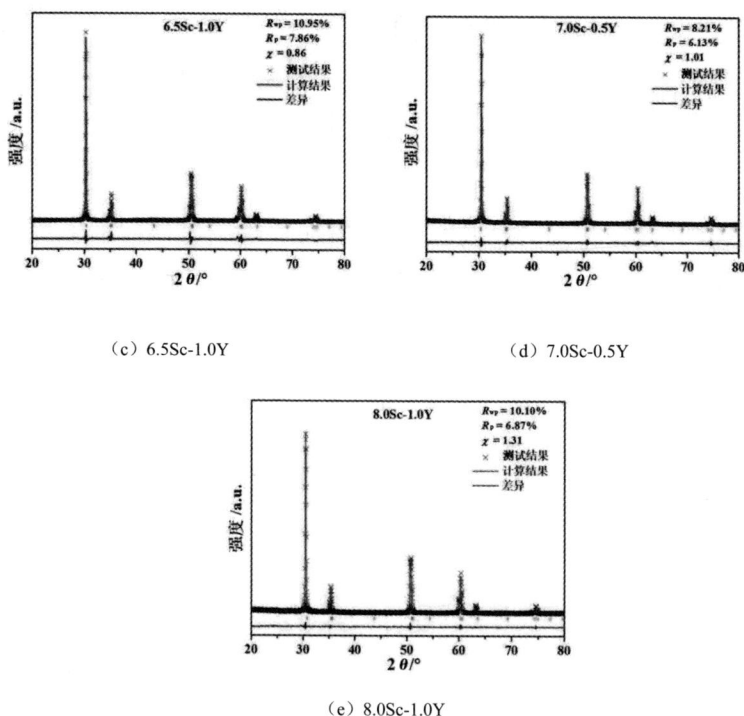

图2-2　不同试样的GSAS处理结果

表2-1　不同成分试样晶格常数及其拟合度参数

试样	晶格常数 a/Å	晶格常数 c/Å	四方度 (c/a)	R_{wp}	R_p	x^2
5.5Sc-0.5Y	5.0890	5.1180	1.0057	7.65%	5.42%	1.05
5.5Sc-2.0Y	5.0984	5.1352	1.0072	11.96%	7.63%	0.75
6.5Sc-1.0Y	5.0936	5.1316	1.0074	10.95%	7.86%	0.86
7.0Sc-0.5Y	5.0876	5.1258	1.0075	8.21%	6.13%	1.01
8.0Sc-1.0Y	5.0916	5.1284	1.0072	10.10%	6.87%	1.31

　　高温物相结构稳定性是确保热障涂层能长期服役的前提，对不同成分的块体材料在1500 ℃进行了热处理。图2-3为该体系的原始物相结构和热处理200 h后的XRD图。由图2-3（a）和（b）可以看出，原始材料为单一的 t' 相结构，并且与传统YSZ相比，（004）和（400）峰的位置向高角度方向发生了移动，说明其晶格常数有所减小。1500 ℃热

处理 200 h 后该体系仍然有着较好的物相结构稳定性，只有试样 5.5Sc-2.0Y 中能检测
到微弱的 m 相衍射峰，其他成分仍保持单一的 t' 相【见图 2-3（c）和（d）】。

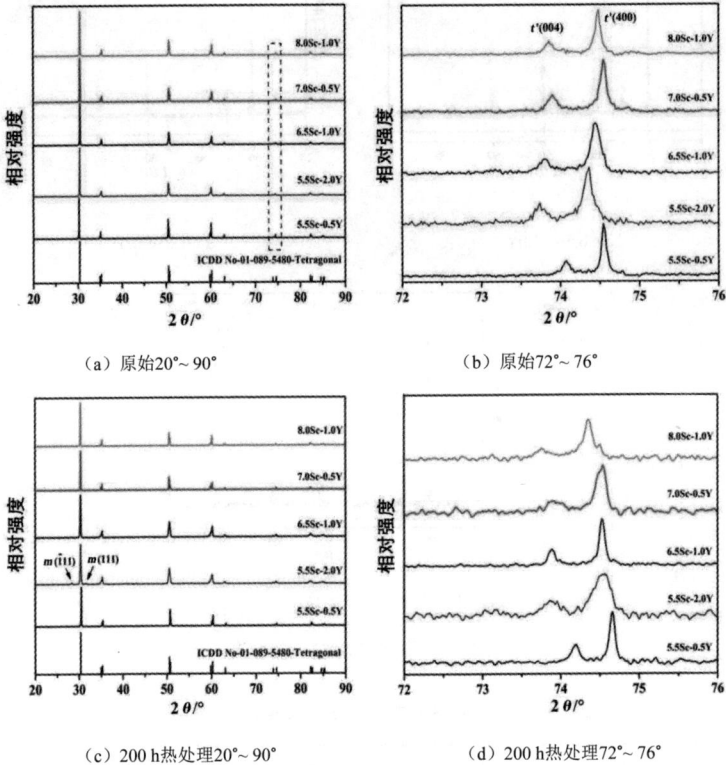

（a）原始 20°~90° （b）原始 72°~76°

（c）200 h 热处理 20°~90° （d）200 h 热处理 72°~76°

图2-3 Sc_2O_3-Y_2O_3-ZrO_2材料的原始结构及1500 ℃热处理200 h的XRD

与 XRD 相比，拉曼光谱对 m 相氧化锆的灵敏度更高，因此对不同成分的试样进
行了拉曼光谱检测。一般而言，t 相 YSZ 的拉曼活性模式有 6 个（$A_{1g}+2B_{1g}+3E_g$）[130]，
分别为 Zr-O 伸缩振动模式 I_2（~250 cm^{-1}）、I_4（~472 cm^{-1}）及 I_6（~634 cm^{-1}）；Zr-O
弯曲振动模式 I_3（~331 cm^{-1}）；Zr-O-Zr 或 O-Zr-O 弯曲振动模式 I_1（~141 cm^{-1}）及 O-O
耦合模式 I_5（~607 cm^{-1}）。图 2-4 所示为材料的原始结构及在 1500 ℃热处理 200 h 后
的拉曼光谱。图 2-4（a）同样可以看到 t 相的 6 个典型特征峰，热处理 200 h 后，试
样 5.5Sc-2.0Y 在 180 cm^{-1} 附近观察到微弱的 m 相的双峰【见图 2-4（b）】，其他成
分没有检测到 m 相的振动峰，进一步说明了其良好的高温四方相结构稳定性。表 2-2
为利用 LabSpec 6.0 软件并结合 Gauss-Loren 拟合方法得到的原始试样拉曼振动峰位（v）

及其半高宽（FWHM），与 YSZ 相比，该体系的 Zr-O 伸缩振动峰出现了一定的偏移，主要表现为 I_2 和 I_6 的左移以及 I_4 的右移，这主要是因其晶格常数减小及四方度降低所致[151]。此外，体系的半高宽较 YSZ 有了较大程度的增加，半高宽变大说明材料的无序度增加或者氧空位含量增多[152]。

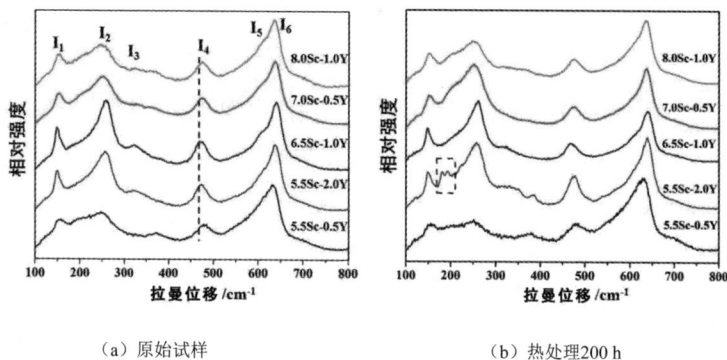

（a）原始试样　　　　　　　　　　（b）热处理200 h

图2-4　Sc_2O_3-Y_2O_3-ZrO_2体系的原始粉末及1500 ℃热处理200 h的拉曼光谱

表2-2　拟合的拉曼振动峰位及其半高宽

	YSZ		5.5Sc-0.5Y		5.5Sc-2.0Y		6.5Sc-1.0Y		7.0Sc-0.5Y		8.0Sc-1.0Y	
	v	FWHM	v	FWHM	v	FWHM	v	FWHM	v	FWHM	v	FWHM
I_1	150	11.52	152	16.30	149	12.85	149	13.17	152	15.72	152	16.63
I_2	260	29.08	246	49.28	252	41.98	256	34.75	248	52.55	245	52.05
I_3	327	17.91	374	47.18	334	27.68	326	17.55	322	18.18	365	33.12
I_4	468	36.67	475	35.31	471	34.51	469	35.53	474	34.89	473	35.60
I_5	622	40.85	606	56.73	618	50.18	620	51.40	613	58.55	615	51.77
I_6	644	24.08	634	27.81	640	22.70	641	22.57	639	24.12	637	22.41

　　为了进一步比较 ScYSZ（7.0Sc-0.5Y）和传统 YSZ 块体的物相结构稳定性，对其在 1500 ℃分别进行了不同时间的热处理，并运用 XRD 全谱拟合及式（2-1）和式（2-2）计算了不同物相的含量[153]：

$$\frac{M_m}{M_{c,t/t'}} = 0.82\frac{I_m(\bar{1}11)+I_m(111)}{I_{c,t/t'}(111)} \tag{2-1}$$

$$\frac{M_c}{M_{t/t'}} = 0.88\frac{I_c(400)}{I_{t/t'}(004)+I_{t/t'}(400)} \tag{2-2}$$

式中：M_m —— m 相的摩尔分数 /mol%；$M_{c,t/t'}$ —— c 相和 t/t' 相的摩尔分数之和 /mol%；$I_m(\bar{1}11)$ —— m 相中($\bar{1}11$)衍射峰的积分强度；$I_m(111)$ —— m 相(111)衍射峰的积分强度；$I_{c,t/t'}(111)$ —— t 或 c 相(111)峰的积分强度；M_c —— c 相的摩尔分数 /mol%；$M_{t/t'}$—— t/t' 相的摩尔分数 /mol%；$I_c(400)$ —— c 相(400)峰的积分强度；$I_{t/t'}(004)$ —— t 相(004)峰的积分强度；$I_{t/t'}(400)$—— t 相(400)峰的积分强度。

图 2-5 为 ScYSZ 和 YSZ 材料 1500 ℃热处理不同时间的 XRD。由图 2-5（a）和（b）可以看出，YSZ 块体在 1500 ℃热处理 100 h 后已经有少量的 m 相生成，其含量约为 5.4 mol%（见表 2-3）；热处理 200 h 后，m 相的含量达到了 41.5 mol%，其余成分几乎都为 c 相；热处理 336 h 后，原始的 t' 相已经全部转变为 m 相和 c 相。对于 ScYSZ 块体而言，即使在 1500 ℃热处理 500 h 仍保持单一的 t' 相。晶界处结构具有一定的表面效应，掺杂离子和宿主离子间较大的尺寸差所产生的弹性驱动力是晶界偏析的主要原因，对于 t' 相 YSZ 而言，有效离子半径较大的 Y^{3+}（0.1019 nm[154]）在高温下容易在晶界处发生偏聚 [155-157]，形成贫 Y^{3+} 的 t 相和富 Y^{3+} 的 c 相，而 t 相在冷却过程中容易转变为 m 相，从而引起体积膨胀，且温度越高，这种相转变越容易发生。对 ScYSZ 而言，Sc^{3+}（0.087 nm）的有效离子半径与 Zr^{4+}（0.084 nm）非常接近，掺杂后引起的晶格畸变较小，即引起晶界偏析的驱动力较小，并且已有研究 [158] 证明，YSZ 中掺杂 Sc^{3+} 后不容易发生晶界偏析，这正是其 t' 相结构稳定性高的主要原因。

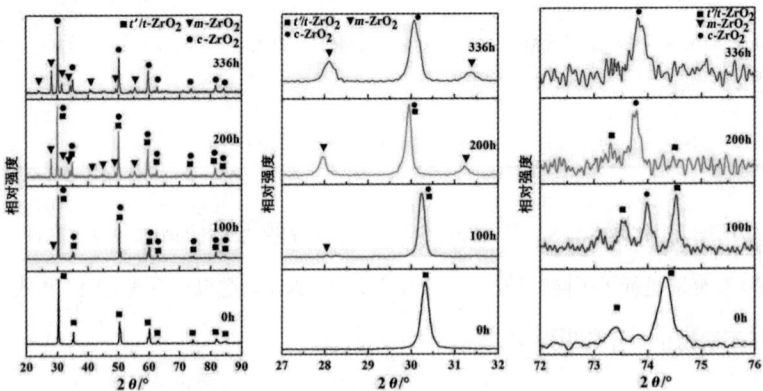

（a）YSZ块体20°~90°　　（b）YSZ块体27°~32°　　（c）YSZ块体72°~76°

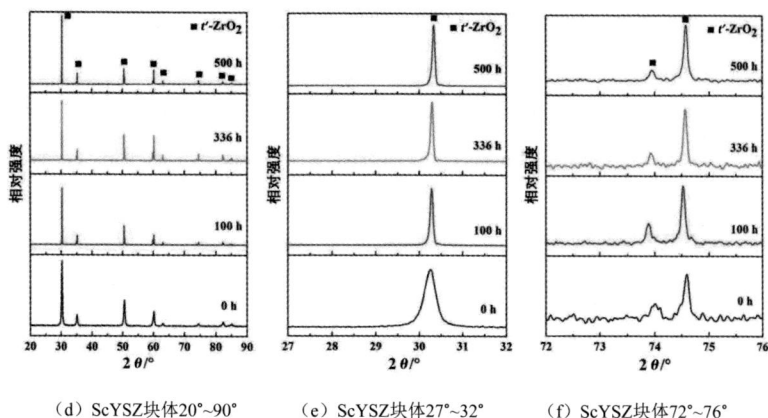

（d）ScYSZ块体20°~90°　　（e）ScYSZ块体27°~32°　　（f）ScYSZ块体72°~76°

图2-5　YSZ和ScYSZ块体1500 ℃热处理不同时间的XRD

表2-3　YSZ和ScYSZ块体1500 ℃热处理不同时间物相成分

试样	热处理时间 /h	物相组成 /mol%		
		m	c	t'/t
YSZ	100	5.4	46.4	48.2
YSZ	200	41.5	50.0	8.5
YSZ	336	47.9	52.1	0.0
ScYSZ	500	0.0	0.0	100.0

2.4　热物理性能的分子动力学模拟方法

分子动力学（Molecular Dynamics，MD）是一门结合物理、数学及化学的技术，主要运用牛顿力学来模拟分子体系的运动，可较为方便地用来计算体系的热力学量。运用分子动力学方法对不同成分材料的热物理性能进行了计算，并通过实验测试进行了验证。

2.4.1　分子动力学模型的建立

采用 Material Studio（MS）7.0 和 LAMMPS 软件来构建 MD 模拟的分子模型。用于晶格常数或热膨胀系数计算的模型包含 12×12×10 个晶胞，热导率模型主要包含 7×7×30 个晶胞，分子动力学计算采用的是周期性边界条件。以 7.0Sc-0.5Y 材料的热膨胀系数模型为例，首先运用 MS 7.0 软件构建一个 $12 \times 12 \times 10$ 的纯四方相 ZrO_2 模型（共 8640 个原子），然后运用 LAMMPS 软件随机扣除 201 个 O 原子，形成 201 个氧空位，同时将 402 个 Zr 原子用 402 个 Y 原子随机取代，建立一个 7.5 mol% 的 YSZ 模型；接着运用 LAMMPS 软件将 374 个 Y 原子用 Sc 原子随机取代，获得相应的模型结构。

2.4.2 分子动力学计算方法

设定在计算过程中原子的初速度遵循 Maxwell-Boltzmann 分布，而温度和体积则通过 Nose-Hoover 方法来控制。长程相互作用（库仑力）运用 Ewald 叠加法来描述，短程相互作用则通过式（2-3）的 Born-Meyer-Buckingham 对势来表述[159]：

$$V\left(r_{ij}\right) = A_{ij} \exp\left(-\frac{r_{ij}}{\rho_{ij}}\right) - \frac{C_{ij}}{r_{ij}^{6}} + \frac{q_i q_j}{r_{ij}} \tag{2-3}$$

式中：A_{ij}、ρ_{ij}、C_{ij} ——作用势参数，见表 2-4；r_{ij} ——离子 i 和 j 之间的距离 /m；q ——离子电荷。

MD 模拟中用到的势函数参数如表 2-4 所示。由于所用势函数对模拟结果的准确性影响较大，首先利用选取的作用势参数计算了体系的晶格常数，通过与实验测试结果对比来验证该势函数的可靠性。YSZ 的晶格常数模拟步骤如下：先将体系在 1573 K 的高温下充分弛豫 5×10^5 步使其到平衡，再经过 5×10^5 步将体系的温度降至 300 K，并在 300 K 下继续弛豫 2×10^5 步，获得室温稳定的体系，同时导出该过程中晶格常数随时间的变化曲线，计算室温平衡态的晶格常数平均值，结果见图 2-6 和表 2-5 所示。模拟计算的 YSZ 的晶格常数与 XRD 测试值非常接近，说明了该势函数参数的选择是可靠的。同理，ScYSZ 体系的晶格常数计算值与实验值也很接近（见表 2-5）。

表2-4 原子间相互作用势参数[160, 161]

i-j	A_{ij} /eV	ρ_{ij} /Å	C_{ij} /eV·Å^6
O-O	22764.00	0.149	27.89
Zr-O	985.602	0.376	0.0
Y-O	1325.60	0.346	0.0
Sc-O	1299.4	0.3312	0.0
cat.-cat.[a]	0.0	1.0	0.0

注：[a] 代表所有阳离子与阳离子对，如：Zr-Zr、Zr-Y、Zr-Sc、Y-Y、Y-Sc、Sc-Sc。

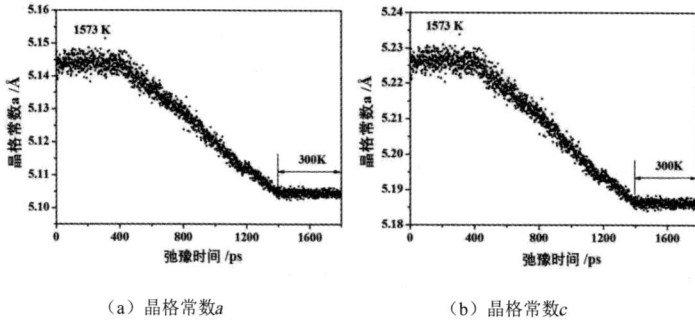

（a）晶格常数 a　　　　　　　　　　　（b）晶格常数 c

图2-6　MD计算的YSZ随温度变化的晶格常数

表2-5　室温300 K下晶格常数的模拟值和测试值对比

试样	计算值		实验值	
	晶格常数 a/Å	晶格常数 c/Å	晶格常数 a/Å	晶格常数 c/Å
YSZ	5.1045	5.1801	5.1032	5.1568
ScYSZ	5.0722	5.1533	5.0876	5.1258

1. 热膨胀系数计算方法

由于热膨胀系数是用于表征物体随温度变化而出现胀缩程度的物理量，压强（P）对陶瓷材料 TEC 的影响较小，所以计算过程中将压强 P 设置为 0，TEC 的计算环境设定为真空环境。首先将所建 TEC 模型在上述势函数的作用下赋予其初始速度，即在室温 300 K 下利用 Gaussian 分布对该模型中的元素进行速度初始化；然后将模型在等温等压系综（NPT）下弛豫足够时间使其达到平衡状态，并获得试样的原始长度 L_0，弛豫后可利用输出的体积和时间、能量和时间参数来判定其是否平衡；最后在 NPT 系综下将其缓慢加热至 1573 K，获得试样长度随温度变化的关系曲线（$\mathrm{d}L/\mathrm{d}T$），并计算得到线膨胀系数。

2. 热导率计算方法

分子动力学是计算材料热导率最常用的方法之一，它主要有两种计算方法，即平衡分子动力学方法（EMD）和非平衡分子动力学方法（NEMD）。

Green-Kubo（格林－久保）平衡分子动力学方法适用于微正则系综。因体系不施加外力，一定时间后能达到热力学平衡态。但由于温度的涨落，瞬时热流就会发生变化，若将输运系数与瞬时涨落相联系，就可用格林－久保式（2-4）计算热导率[162, 163]：

$$\lambda = \frac{V}{k_B T^2} \int_0^t C_{\mu\nu}\left(t'\right) dt \qquad (2\text{-}4)$$

式中：λ ——热导率张量 /W·m^{-1}·K^{-1}；k_B ——玻耳兹曼常数；T ——系统温度 /K；$C_{\mu\nu}$ ——瞬时热流自关联函数，可表示为式（2-5）：

$$C_{\mu\nu}\left(t\right) = \left\langle J_\mu\left(0\right) J_\nu\left(t\right)\right\rangle \qquad (2\text{-}5)$$

式中：< > ——统计平均结果；J ——热流。EMD 法计算热导率时没有明确的长度概念，即模型大小对体系热导率的影响很小，而所选势函数对其影响很大。

其实，热传导是体系内存在一定温度梯度所造成的，属于非平衡传热现象，因此主要利用 NEMD 法来进行计算。计算时设定体系一端为高温区，另一端为低温区，从而形成一个温度梯度，弛豫一定时间后使体系呈非平衡稳态，计算出体系的温度梯度及经过的热流，再利用傅里叶变换求出其热导率。

对于温度梯度的建立方法主要采用 Muller-Plathe 法。首先将模型分割为 20 层，热导率模型的两端（第 1 层和第 20 层）定义为冷端，将第 11 层定义为热端。然后选中冷端中动能最大的原子和热端中动能最小的原子，等数目交换两原子速度，经过一定时间后，将会达到非平衡稳态，进而形成一定的温度梯度。获得温度梯度及热流密度后，可通过式（2-6）计算其热导率 [164]：

$$\lambda = \frac{Q}{2A \cdot \Delta t \cdot L} \frac{1}{\partial T / \partial L} \qquad (2\text{-}6)$$

式中：Q ——总能量 /J；A ——模型的横截面积 /m^2；Δt ——传递热量 Q 的时间 /s；L ——z 方向模型长度 /m。

2.5 热物理性能的模拟与实验验证

2.5.1 热膨胀系数

图 2-7 为通过分子动力学模拟和实验测试获得的不同成分材料在室温 ~1300 ℃的平均热膨胀系数。从图 2-7 可以看出，热膨胀系数模拟值和实验结果的变化趋势基本一致。此外，热膨胀系数的计算值较实验值小，这是因为理论模型的尺寸远小于实际样品，并且与理论模型相比，实际样品中会存在一定量的孔隙等缺陷 [165]。此外，

Sc_2O_3-Y_2O_3-ZrO_2 体系的热膨胀系数值与 YSZ（10.9×10^{-6} K^{-1}，473~1573 K）的值非常接近，其实验测试结果在（10.5~10.9）$\times 10^{-6}$ K^{-1} 之间。

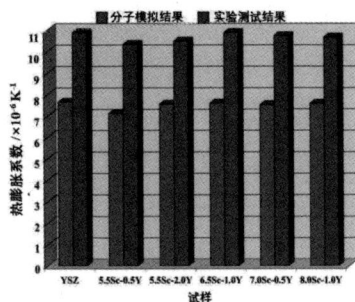

图2-7　不同材料热膨胀系数的计算值与实验值

影响陶瓷材料热膨胀系数的因素有很多，并且不同材料的影响因素也不尽相同。但热膨胀系数主要与体系的能量有关，体系的能量可用式（2-7）表示[166]：

$$U = \frac{N_0 A Z^+ Z^- e^2}{R_0} \left(1 - \frac{1}{n} \right) \qquad (2\text{-}7)$$

式中：N_0——阿伏加德罗常数；A——马德隆常数；Z——离子电荷；e——电子单位电荷；R_0——离子间距离 /m；n——玻恩指数。

由于掺杂后体系的结构保持不变，因此 A 和 n 的值几乎是不变的，即体系的能量主要由离子间的距离 R_0 所决定[122]。图 2-8 为通过 MD 模拟计算的 YSZ 和 ScYSZ 在 1300 ℃弛豫 1×10^5 步的 R-O（R 为 Zr、Y 和 Sc）离子对的径向分布函数图。由图 2-8 可看出，ScYSZ 中的 Zr-O 距离和 Y-O 距离较 YSZ 的值有所降低，并且 Sc-O 距离较 YSZ 的 Y-O 距离也小很多。体系中 R-O 距离的降低会导致离子间结合能的升高，因此与 YSZ 相比，试样 5.5Sc-0.5Y 的热膨胀系数有所降低。对于 Sc_2O_3-Y_2O_3-ZrO_2 体系而言，氧空位含量的增加使离子间的结合能降低，并且离子间的键能同样会影响热膨胀系数大小，Sc-O 离子键能（671.4±1.0 kJ·mol^{-1}）小于 Zr-O（766.1±10.6 kJ·mol^{-1}）键能和 Y-O 键能（714.1±10.2 kJ·mol^{-1}）[129, 167]。比较图 2-7 中 5.5Sc-0.5Y 与 5.5Sc-2.0Y 以及 5.5Sc-0.5Y 与 7.0Sc-0.5Y 的 TEC 结果发现，随着氧空位或 Sc^{3+} 含量的增加，热膨胀呈现出先升高的趋势，这是因为氧空位含量增加导致结合能降低的因素较 Sc^{3+} 含量增加导致结合能升高的因素更显著[168]；而当掺杂的 Sc^{3+} 达到一定量时（如 6.5Sc-1.0Y），则逐渐呈现出与之相反的作用，所以又出现 8.0Sc-1.0Y 的热膨胀系数较 6.5Sc-1.0Y 略有降低的趋势，并且 Sc_2O_3 的掺杂量在 6.5 mol%~7.0 mol% 时，其热膨胀系数相对较高。热膨胀系数是影响热障涂层高温服役持久性的一个关键因素，有文献指出 [56, 169]，t' 相、t 相和 c 相氧化锆的热膨胀系数是不同的，这意味着喷涂态为 t' 相的 YSZ 在高温下可能会因 t 相或 c 相的生成而引起热膨胀系数的变化，导致涂层中产生微应变和较大的残余应力，从而降低 YSZ 涂层的力学性能，而 ScYSZ 的 t' 相稳定性较高，可以避免服役过程中因相变导致的陶瓷层内部热膨胀失配，因此 ScYSZ 在高温热障涂层领域显示出较大的应用潜力。

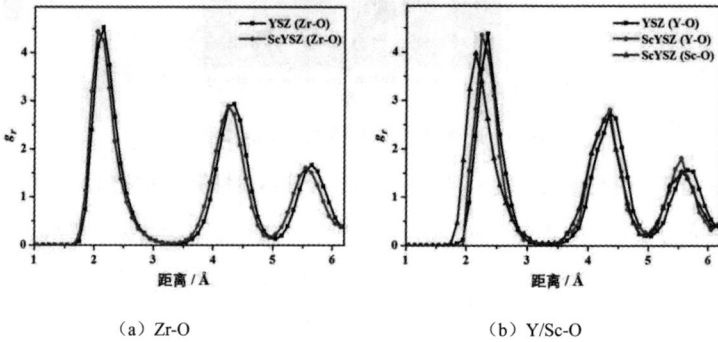

　　　　（a）Zr-O　　　　　　　　　　　　（b）Y/Sc-O

图2-8　R-O（R为阳离子）离子对在YSZ和ScYSZ中的径向分布函数

2.5.2　热导率

图 2-9（a）所示为运用 MD 模拟计算获得的 YSZ 和 Sc_2O_3-Y_2O_3-ZrO_2 体系热导率随温度变化的关系图。可以看出，理论计算的热导率随温度升高呈逐渐降低的趋势，这主要是因为随着温度升高，格波振动加强，声子相互作用亦增强，从而使得自由程逐渐降低。此外，相同温度下，随着氧空位浓度或 Sc^{3+} 浓度的增加，Sc_2O_3-Y_2O_3-ZrO_2 体系的热导率逐渐降低，并且较 YSZ 的热导率低很多。为了验证这一计算结果，通过激光闪光法对致密块体的热扩散系数进行了测试，结果如图 2-9（b）所示。与图 2-9（a）比较，两者热导率变化趋势是一致的，但实验测试值较 MD 模拟值低，这与文献中报道的结果相一致 [160]。其原因是理论模型尺寸较实际块体小很多，而且理论模型中除了氧空位几乎不存在别的晶体缺陷，实际块体中还存在较多的孔隙、晶界以及不同晶体取向的晶粒，这些缺陷同样会影响热导率。实验测试结果还发现，随着温度的升高，试样的热导率先降低，然后逐渐趋于平稳或略有升高（大于 800 ℃），这与高温下辐射（光子）传热占主导作用有关，而理论计算未考虑辐射的影响，因此模拟中没有出现热导率随温度升高的情况。

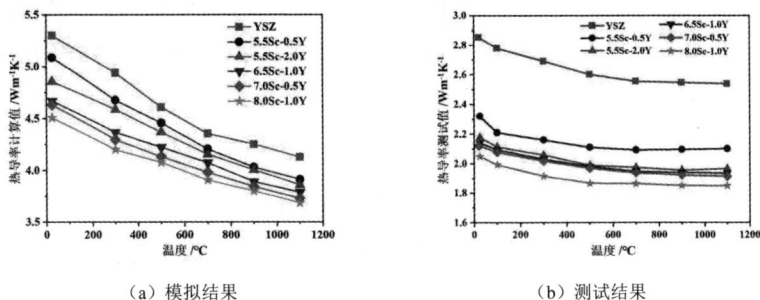

（a）模拟结果　　　　　　　　　　　　（b）测试结果

图2-9　实验所测不同材料热导率随温度变化的关系图

表2-6　热导率测试试样的晶粒尺寸及孔隙率

试样	成分	晶粒尺寸 /μm	孔隙率 /%
5.5Sc-0.5Y	$Zr_{0.89}Sc_{0.10}Y_{0.01}O_{1.945}$	1.3~5.0	4.13
5.5Sc-2.0Y	$Zr_{0.86}Sc_{0.10}Y_{0.04}O_{1.93}$	2.0~5.0	1.33
6.5Sc-1.0Y	$Zr_{0.86}Sc_{0.12}Y_{0.02}O_{1.93}$	1.5~5.2	3.53
7.0Sc-0.5Y	$Zr_{0.86}Sc_{0.13}Y_{0.01}O_{1.93}$	0.8~3.1	0.08
8.0Sc-1.0Y	$Zr_{0.84}Sc_{0.14}Y_{0.02}O_{1.92}$	1.5~4.2	4.92

由图 2-9（b）的实验测试结果可以看出，我们所选的 Sc_2O_3-Y_2O_3-ZrO_2 体系的热导率较 YSZ 降低了约 20%~28%，根据"热阻"理论[170]，材料热导率降低了 20%~28% 意味着在同样的隔热条件下，涂层厚度可以降低 20%~28%，从而减轻了发动机的重量；也意味着同样的涂层厚度可以获得更好的隔热性能，从而提高了涂层的高温稳定性。Sc_2O_3-Y_2O_3-ZrO_2 体系较低的热导率主要是由于其更多的氧空位和较大的阳离子质量差异使声子散射加强，从而降低了声子自由程。分子动力学模拟被认为是计算材料平均声子自由程的有效方法之一[171, 172]。研究发现，在分子模拟中或者说在原子尺度范围内，模拟获得的热导率随着模型长度的增加而增大，而几乎不受模型横截面大小的影响。此外，如果计算获得的热导率的倒数和模型长度的倒数成正比，就可以通过式（2-8）来计算声子的平均自由程[171]：

$$\frac{1}{\lambda} = \omega\left(\frac{n}{L_z} + \frac{1}{l}\right) \tag{2-8}$$

式中：λ ——计算的热导率 /$W \cdot m^{-1} \cdot K^{-1}$；$\omega$ ——线性斜率【见图 2-10（b）】；n ——周期性边界条件下为 4；L_z ——模型长度 /m；l ——声子平均自由程 /m。

与 MD 模型长度相比（由于计算机计算速度等因素的限制，L_z 一般小于 100 nm），实际块体（厚度 1~2 mm）可以被视为是无限长结构，即 $1/L_z$ 趋向于 0，因此无限长结构（$1/L_z$=0 处）的热导率可通过图 2-10（b）的线性拟合曲线外推得到。由于模型横截面大小对热导率的影响较小，计算时选取横截面大小为 $6a \times 6a$（a 为四方相 ZrO_2 的晶胞常数）；为了获得更为准确的计算结果，模型长度 L_z 的取值范围相对较宽（$6c$、$8c$、$10c$、$12c$、$16c$、$20c$、$25c$、$35c$、$40c$、$45c$、$60c$，其中 c=5.1797 Å）。图 2-10（a）为 MD 计算的 YSZ 和 ScYSZ（7.0Sc-0.5Y）的热导率和模型长度的关系，可以看到，随着模型长度的增大，热导率逐渐增大，当模型长度大于 20 nm 时，热导率的值逐渐趋于平稳。图 2-10（b）为拟合的热导率的倒数与模型长度倒数的线性关系图，根据式（2-8）可以求得 YSZ 在 700 ℃的平均自由程约为 0.66 nm，与文献 [172] 中报道的 0.6 nm（1000 K）非常接近；而 ScYSZ 的自由程约为 0.57 nm，较 YSZ 的小，因此其热导率相对较低。

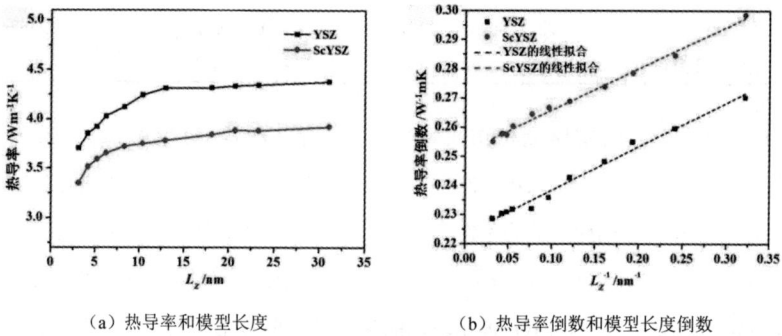

（a）热导率和模型长度　　　　　　　（b）热导率倒数和模型长度倒数

图2-10　热导率和模型长度的关系

2.6　基于点缺陷的声子散射模型

2.6.1　声子散射模型的优化

陶瓷材料的热导率与材料本征声子散射及由晶格点缺陷、晶界声子散射等引起的声子自由程的变化密切相关。材料的声子自由程是与声子频率和温度有关的变量，可表示为式（2-9）[173]：

$$\frac{1}{l(\omega,T)} = \frac{1}{l_i(\omega,T)} + \frac{1}{l_p(\omega)} + \frac{1}{l_b} \qquad (2\text{-}9)$$

式中：$l_i(\omega,T)$ ——本征声子－声子散射，$l_p(\omega)$ ——点缺陷引起的声子散射，l_b ——晶界声子散射。

例如传统的 YSZ 材料中，氧空位是降低其热导率的一个关键因素，是一种主要的声子散射源。此外，替代原子和间隙原子等点缺陷也被视作声子散射中心。研究发现，当 ZrO_2 的晶粒尺寸在 50 nm 以上时 [174]，晶界散射对热导率的影响微乎其微，并且由于声子平均自由程（$l_{YSZ} < 25$ nm）[175, 176] 一般远小于晶粒尺寸（> 0.8 μm），因此晶界散射的影响可以忽略，本节重点讨论材料本身声子－声子散射和点缺陷声子散射对材料热导率的影响。

Callaway 等人 [177] 发现，当温度大于德拜温度时，具有点缺陷的材料热导率可通过式（2-10）表示：

$$\frac{\lambda_p}{\lambda_i} = \frac{\tan^{-1}(\beta)}{\beta} \qquad (2\text{-}10)$$

式中：λ_p ——缺陷材料的热导率 /W·m^{-1}·K^{-1}；λ_i ——无缺陷材料的热导率 /W·m^{-1}·K^{-1}；β ——与材料种类有关的系数，可表示为：

$$\beta = \left(\frac{\pi^2 \theta_D \alpha^3}{hv^2} \lambda_i \Gamma \right)^{1/2} \qquad (2\text{-}11)$$

式中：θ_D ——德拜温度 /K；a^3 ——单个原子平均体积 /m^3；h ——普朗克常数；v ——晶格声速 /m·s^{-1}；Γ ——依赖于缺陷浓度的散射系数。

对于一种化合物 A_xB_y，其散射系数可用式（2-12）表示 [178]：

$$\Gamma(A_xB_y) = \frac{x}{x+y} \left(\frac{M_{A-site}}{\overline{M}} \right)^2 \Gamma_{A-site} + \frac{y}{x+y} \left(\frac{M_{B-site}}{\overline{M}} \right)^2 \Gamma_{B-site} \qquad (2\text{-}12)$$

式中：M_{A-site} ——晶格中 A 位置的质量；$\overline{M}$ ——体系平均质量；Γ_{A-site} ——A 位置散射系数；M_{B-site} ——晶格中 B 位置的质量，Γ_{B-site} ——B 位置散射系数。

假如一个晶格位置（例如 A 位置）包括有多种不同类型的原子，其散射系数可用式（2-13）表示 [179]：

$$\Gamma = \sum_i \Gamma_i \qquad (2\text{-}13)$$

掺杂一定浓度的异质原子后，不同位置的散射系数可分别表示为式（2-14）和式（2-15）：

$$\Gamma_{A-site} = c(1-c)\left(\frac{\Delta M_{A-site}}{M_{A-site}}\right)^2 \tag{2-14}$$

$$\Gamma_{B-site} = c(1-c)\left(\frac{\Delta M_{B-site}}{M_{B-site}}\right)^2 \tag{2-15}$$

式中：c——一种掺杂剂的相对浓度；ΔM_{A-site}——掺杂造成的 A 位置质量差；ΔM_{B-site}——掺杂引起的 B 位置质量差。

为了便于计算，根据 ScYSZ 体系成分含量，将其用 $Zr_{(1-x-y)}Sc_xY_yO_{2-(x+y)/2}$ 通式来表示（见表 2-6），下标 x 和 y 分别代表体系中 Sc^{3+} 和 Y^{3+} 的原子百分比。由于 Y 的原子质量（88.906）与 Zr 的原子质量（91.224）非常接近，并且掺杂的 Y^{3+} 的含量很少，因此本书忽略了 Y 的质量变化的影响。Sc^{3+} 掺杂后取代了一定量的 Zr^{4+}，因此 ScYSZ 的散射系数可表示为：

$$\Gamma_{ScYSZ} = \frac{1}{3}\left(\frac{M_{Zr\text{-}site}}{\bar{M}}\right)^2\Gamma_{Zr\text{-}site} + \frac{2}{3}\left(\frac{M_O}{\bar{M}}\right)^2\Gamma_{O\text{-}site} \tag{2-16}$$

式（2-16）中各系数可分别利用式（2-17）、式（2-18）和式（2-19）表示：

$$M_{Zr-site} = xM_{Sc} + (1-x)M_{Zr} \tag{2-17}$$

$$\bar{M} = \left[(1-x-y)M_{Zr} + xM_{Sc} + yM_Y + \frac{4-x-y}{2}M_O\right]/\left(\frac{6-x-y}{2}\right) \tag{2-18}$$

$$M_{O-site} = \left(\frac{x+y}{4}\right)M_{Vo} + \left(\frac{4-x-y}{4}\right)M_O \tag{2-19}$$

由于忽略了 Y^{3+} 与 Zr^{4+} 的质量差，Zr 位置和 O 位置的散射系数可分别表示为：

$$\Gamma_{Zr-site} = x(1-x)\left(\frac{\Delta M_{(Zr,Sc)}}{M_{Zr-site}}\right)^2 \tag{2-20}$$

$$\Gamma_{O-site} = \left(\frac{x+y}{4}\right)\left(\frac{4-x-y}{4}\right)\left(\frac{\Delta M_{(O,Vo)}}{M_{O-site}}\right)^2 \tag{2-21}$$

式（2-20）和式（2-21）中不同位置的质量差分别用式（2-22）和式（2-23）表示：

$$\Delta M_{(Zr,Sc)} = M_{Zr} - M_{Sc} \qquad (2\text{-}22)$$

$$\Delta M_{(O,Vo)} = M_O - M_{Vo} \qquad (2\text{-}23)$$

上述公式是根据传统的点缺陷声子散射模型推导的用于计算 ScYSZ 体系热导率的公式。对于传统的 YSZ 材料，由于阳离子间质量差非常小，其热导率大小主要由掺杂 Y^{3+} 后引入较多的氧空位所决定 [127, 180]。研究人员对稀土掺杂氧化锆的热导率计算时主要是利用室温稳定的 m 相纯氧化锆作为无缺陷材料 [181]【式（2-10）的 λ_i】，但这种方法有一定的局限性，因为不同结构（如 m 相和 t 相）材料本身热导率差异较大，而且室温下无法获得无缺陷的 t 相氧化锆。由于 Y^{3+} 和 Zr^{4+} 质量差很小，氧空位的数量可根据其掺杂量定量表征，因此提出将传统的 YSZ（$Zr_{0.92}Y_{0.08}O_{1.96}$）用 $ZrO_{1.96}$ 等效替代，从而计算 ScYSZ 材料热导率。式（2-11）中 YSZ 的德拜温度 θ_D 约为 510 K[126]，平均原子体积 $a^3 = M_{YSZ}/(N_A/3)/\rho_{YSZ}$，其中 M_{YSZ} 约为 122.38 g，N_A 是阿伏加德罗常数（6.02×10^{23}），密度 ρ_{YSZ} 接近 6.0 g·cm^3，因此求得 $a^3 = 1.13 \times 10^{-29}$ m^3。实验测得致密 YSZ 块体的波速 v 约为 4334.3 m·s^{-1}。利用上述数值和公式求得 5.5Sc-0.5Y 的热导率如图 2-11（a）中虚线所示，可以看到，计算值与实验值存在较大偏差，这主要是因为传统声子散射模型忽略了氧空位浓度变化对热导率的影响，它更适用于计算氧空位含量不变的材料热导率，如 $(La_xGd_{1-x})_2Zr_2O_7$ 和 $Zr_{0.92-x}Y_{0.08}Ti_xO_{1.96}$ 等 [95, 103, 182]，由于这些材料属于阳离子等价取代，所以其氧空位浓度是不变的。实际上，晶体中的氧空位的存在会导致键的缺失和原子动能的损失 [183]，因此，氧空位的质量变化应该修正为：

$$\left(\frac{\Delta M}{M}\right)_{vac} = -2 - \frac{M_{vac}}{\bar{M}} \qquad (2\text{-}24)$$

式中：M_{vac}——O 原子的质量；$\bar{M}$——本体材料的平均原子质量。

对于 YSZ 中的氧空位，$(\Delta M/M)_{vac}$ 为 -2.39，所以 O 位置的散射系数应修正为：

$$\Gamma_{vac} = c\left(\frac{\Delta M}{M}\right)_{vac}^2 \qquad (2\text{-}25)$$

式中：c——一个原子的氧空位浓度。对于 ScYSZ 而言，$c = (x+y)/6$。

将式（2-24）和式（2-25）代入式（2-16），获得修正后 ScYSZ 的散射系数：

$$\Gamma_{\text{ScYSZ}} = \frac{1}{3}\left(\frac{M_{\text{Zr-site}}}{\bar{M}}\right)^2 \Gamma_{\text{Zr-site}} + c\left(-2 - \frac{M_{vac}}{\bar{M}}\right)^2_{vac} \qquad (2\text{-}26)$$

式（2-26）更好地揭示了阳离子晶格位置的原子质量差和掺杂引入的氧空位浓度变化对声子散射的影响。此外，式（2-26）中氧空位的相对浓度 c 应该表示为：

$$c = \left[(x+y)/2 - 0.04\right]/3 \qquad (2\text{-}27)$$

式（2-27）中的 0.04/3 表示 YSZ（或 $ZrO_{1.96}$）中氧空位的相对浓度 [128, 181]。利用修正后的声子散射模型计算了 ScYSZ 体系的热导率随温度变化的关系，并且理论值与实验值获得了较好的吻合，其结果如图 2-11 和图 2-12 所示。

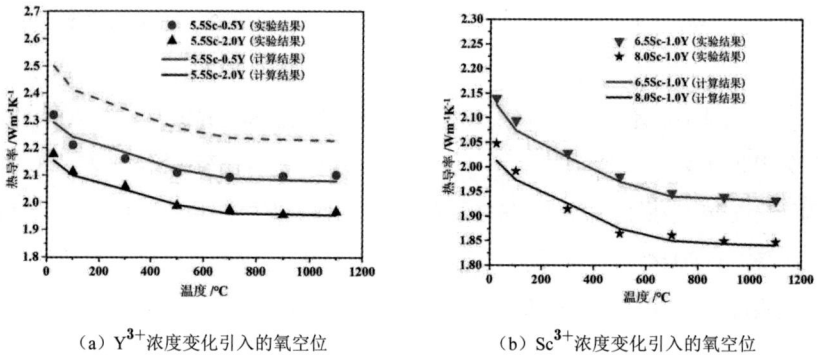

（a）Y^{3+} 浓度变化引入的氧空位　　　　（b）Sc^{3+} 浓度变化引入的氧空位

图2-11　氧空位浓度变化的热导率计算值与实验值对比图

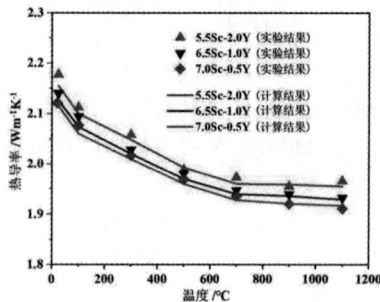

图2-12　氧空位浓度不变时热导率计算值与实验值对比图

2.6.2 点缺陷对热导率的影响

1. 氧空位含量的影响

比较试样 5.5Sc-2.0Y 和 5.5Sc-0.5Y 发现其 Sc^{3+} 的含量是相同的，两者的区别主要为氧空位浓度变化是由 Y^{3+} 含量不同所致。从图 2-11（a）可以看到，试样 5.5Sc-2.0Y 的热率较 5.5Sc-0.5Y 的低，在 700 ℃的热导率值降低约为 0.12 $W·m^{-1}·K^{-1}$，这主要来源于 Y^{3+}（0.03 mol，见表 2-6）掺杂引入的氧空位。Sc^{3+}（0.02 mol）掺杂引入氧空位的变化对热导率的影响可通过试样 6.5Sc-1.0Y 和 8.0Sc-1.0Y 的比较来解释【图 2-11（b）】。试样 8.0Sc-1.0Y 在 700 ℃的热导率较 6.5Sc-1.0Y 降低约 0.09 $W·m^{-1}·K^{-1}$，而相同含量的 Y^{3+} 可降低约 0.08 $W·m^{-1}·K^{-1}$。此外，试样 7.0Sc-0.5Y 在 700 ℃的热导率值较 5.5Sc-0.5Y 降低了约 0.16 $W·m^{-1}·K^{-1}$。

2. 阳离子质量差异的影响

比较试样 5.5Sc-2.0Y、6.5Sc-1.0Y 及 7.0Sc-0.5Y 可以发现，这些体系中氧空位的浓度是不变的，其热导率变化主要与阳离子的质量差有关。根据图 2-12 的热导率结果发现，随着 Sc^{3+} 浓度的增加，其热导率逐渐降低。与试样 5.5Sc-2.0Y 的热导率值相比，试样 7.0Sc-0.5Y 的值降低约 0.04 $W·m^{-1}·K^{-1}$。通过对比发现，相同浓度的氧空位较 Sc^{3+} 或 Y^{3+} 对降低体系热导率的作用更为显著。

2.6.3 声子振动态密度计算

通过图 2-12 可以发现，试样 5.5Sc-2.0Y 和 7.0Sc-0.5Y 虽然氧空位浓度相同，但是 Sc^{3+} 含量增加可以降低体系的热导率，这一现象与实验测试的结果相同。从动力学理论角度讲，材料热导率可以简单表示为式（2-28）[184]：

$$\lambda = \sum_i \int_0^{\omega_{max}} h\omega_i \frac{\partial n_i}{\partial T} g_i v_i l_i \mathrm{d}\omega$$

（2-28）

式中：h ——普朗克常数，ω ——角频率 /$rad·s^{-1}$，n_i ——原子占有数，g_i ——声子态密度 /arb.units，v_i ——声子群速度 /$m·s^{-1}$，l_i ——声子平均自由程 /m。

根据文献报道，热导率的降低与声子振动态密度（VDOS）的衰减有较大关系[185]。为了研究 Sc^{3+} 对体系热导率影响，进一步运用分子动力学模拟计算了这两种材料不同温度的声子态密度。VDOS 主要通过速度自相关函数的傅里叶变换来计算[186]，其计算方法如式（2-29）[187]：

$$\text{VDOS}(\omega) = \int_{-\infty}^{+\infty} \left\langle \frac{1}{N} \sum_{i=1}^{N} \vec{v}_i(t_0) \cdot \vec{v}_i(t_0+t) \right\rangle e^{-2\pi i \omega t} \mathrm{d}t \tag{2-29}$$

式中：N ——原子个数；$\vec{v}_i(t)$ ——第 i 个原子 t 时刻速度 /m·s^{-1}；ω ——声子频率 /Hz。

频率越低的声子寿命越长，其热导率也就越高[188]。图 2-13（a）为分子动力学方法计算的室温条件下的声子态密度，可以看到，试样 7.0Sc-0.5Y 的声子态密度在低频区域（如 8 THz 左右）有降低的趋势，并且此处可以看到其峰值峰位（G-peak）的红移现象，说明声子群速度有所降低[185, 189]，热导率也随之降低。类似的情况同样可以在图 2-13（b）所示的 700 ℃的声子态密度中看到。VDOS 的计算结果进一步证明 Sc^{3+} 比 Y^{3+} 对降低 ScYSZ 体系热导率更有效[190]。

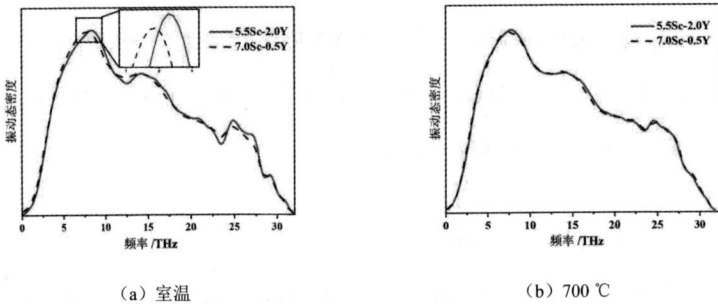

（a）室温   （b）700 ℃

图2-13　分子动力学计算的声子态密度[190]

2.7　ScYSZ材料力学性能分析

高温条件下服役的热障涂层的失效主要是由涂层中裂纹的不断萌生和扩展引起的，而裂纹的产生不仅与其物相结构稳定性及热物理性能有关，还与涂层的力学性能有较大关系，即热障涂层材料应该具有较高的断裂韧性和较低的弹性模量。断裂韧性是衡量涂层材料阻止裂纹扩展能力指标，但陶瓷材料的断裂韧性一般都很低。弹性模量是衡量材料抵抗弹性变形能力指标，涂层弹性模量越大，刚度越大，高温条件下容易造成较大的热失配应力而引起涂层失效。立方相的烧绿石结构或萤石结构的陶瓷材料由于其断裂韧性较低，作为单一陶瓷涂层使用时的热循环寿命普遍很低。研究发现，四方相结构的氧化锆有着较高的断裂韧性，这不仅与其相变增韧机制有关，还与其特有的高温铁弹性畴转变增韧机制有关，并且铁弹性增韧的作用与四方相氧化锆的四方度有较大关系，即四方度越大的材料，断裂韧性越高 [191]。本节接着对 ScYSZ 块体的断裂韧性和弹性模量进行了系统研究。

2.7.1　断裂韧性

试样的显微硬度、断裂韧性以及弹性模量采用显微硬度仪（Micromets104，Buehler，USA）测试。显微硬度采用标准的 Vickers 金刚石压头，块体加压载荷为 9.8 N，涂层的加压载荷 2.94 N，保压时间为 15 s。测试时确保每两个压痕之间的距离大于 5 倍的压痕长度，每个试样测试 10 个点取其平均值，其断裂韧性可通过式（2-30）获得 [192]：

$$K_{IC} = 2 \times 0.0319 \left(\frac{P}{a\sqrt{L}} \right) \tag{2-30}$$

式中：K_{IC} ——试样的断裂韧性 /MPa·m$^{1/2}$；P ——压头载荷 /N；a ——两个压痕对角线长度的一半 /m；L ——径向和边缘裂纹的总长度 /m。

图 2-14 所示为 YSZ 和 ScYSZ 块体显微压痕裂纹的 SEM 形貌。由图 2-14 可以看出，两种块体中的裂纹都沿四个压痕尖端向外扩展，并且同样的测试条件下，其形貌没有明显的差别，利用式（2-30）计算的块体断裂韧性的值见图 2-15。ScYSZ 的断裂韧性略低于 YSZ（5.0 MPa·m$^{1/2}$），但基本都在 3.5~4.5 MPa·m$^{1/2}$ 之间，较 LC、LZ 等材料的断裂韧性高。曾有文献报道，四方相氧化锆的裂纹尖端会形成孪晶畴，在应力作用下会发生畴态的重新取向，从而消耗一定的应力，阻止裂纹的进一步扩展，即所谓的铁弹性畴转变增韧。并且铁弹性畴转变增韧机制对提高材料断裂韧性的贡献可通过式（2-31）表征 [140]：

$$\Delta \Gamma = 2 f_s h \tau_c \gamma \tag{2-31}$$

式中：f_s ——材料畴转变的体积分数；h ——应力周围形变区域宽度 /m；τ_c ——矫顽应力 /GPa；γ ——相应的应变，它可通过式（2-32）来表示 [193]：

$$\gamma = (2/3) \left[(c/a) - 1 \right] \tag{2-32}$$

式中：c/a ——四方相氧化锆的四方度。

由式（2-31）和式（2-32）可以看出，材料的四方度越大，铁弹性增韧的效果越显著，即其断裂韧性就越高，由于 ScYSZ 的四方度略低于 YSZ，因此其断裂韧性也略低。并且，利用上述公式也可以说明立方相的烧绿石结构或萤石结构的陶瓷材料断裂韧性较低。

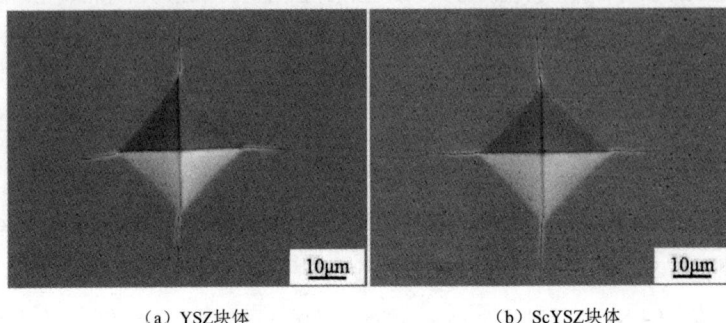

（a）YSZ块体　　　　　　　　　　（b）ScYSZ块体

图2-14　维氏压痕裂纹的SEM典型形貌

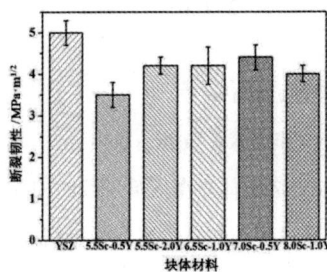

图2-15　不同块体的断裂韧性值

在非转变四方相（t'）的氧化锆陶瓷中，一个晶粒中只有一个四方相孪晶变体，但其在多个晶粒中的随机取向使得三个变体会同时存在 [130]。对于 t' 相的 YSZ，铁弹性畴取向在应力作用下的转变会耗散一定的能量，从而抑制裂纹扩展，体现出增韧效果。为了观察 ScYSZ 陶瓷是否存在铁弹畴，对其烧结致密块体作了 TEM 微观形貌分析。图 2-16（a）的 TEM 形貌显示 ScYSZ 块体中存在孪晶畴，图 2-16（b）的选区电子衍射证实这些孪晶为（112）超晶格，证明其为 t' 相结构，并且与文献中 t' 相 YSZ 中的铁弹畴结构一致 [140, 194]，说明 ScYSZ 陶瓷同样具有铁弹性，在外力作用下会发生畴态转变，从而耗散一定的能量。但由于其四方度略低于 YSZ，因此其断裂韧性也略有降低 [195]。

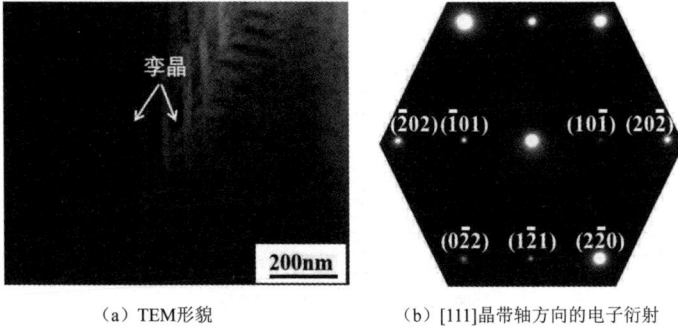

（a）TEM形貌

（b）[111]晶带轴方向的电子衍射

图2-16　ScYSZ块体的TEM形貌及选区电子衍射

2.7.2　弹性模量

弹性模量同样用显微硬度仪测试，采用努氏硬度压痕法测量，加压载荷 4.9 N，保压时间 15 s，并根据式（2-33）计算其弹性模量[196]：

$$E = \frac{0.45HK}{b/a - b'/a'} \qquad （2-33）$$

式中，HK ——努氏显微硬度 /GPa；a ——弹性恢复前的长压痕长度 /m；b ——弹性恢复前的短压痕长度 /m，其中，$b:a$=1：7.11；a' ——弹性恢复后的长压痕长度 /m；b' ——弹性恢复后的短压痕长度 /m。

图 2-17 所示为陶瓷致密块体努氏硬度压痕的典型 SEM 形貌，利用式（2-33）计算的弹性模量见图 2-18。测试过程中同一个试样至少测试 10 个位置点并取其平均值。致密 YSZ 块体的弹性模量约为 220 GPa，而 ScYSZ 材料的弹性模量低于 YSZ，约为 170~200 GPa。

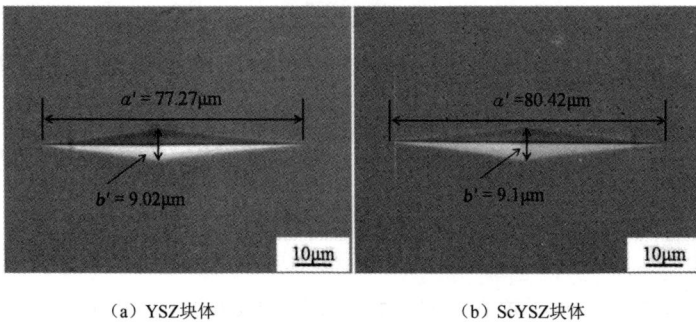

（a）YSZ块体

（b）ScYSZ块体

图2-17　努氏硬度压痕的SEM形貌

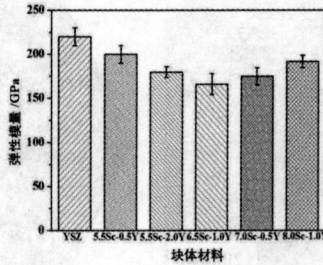

图2-18　不同块体的弹性模量值

当热障涂层在高温下服役时，在涂层厚度方向会产生较大的温度梯度，并且热导率越低的涂层内部温度梯度越大。因涂层材料热膨胀系数的差异而引起较大的热失配应力（σ_c），可通过式（2-34）表示[86]：

$$\sigma_c = E_c \left(\alpha_s - \alpha_c\right) \Delta T / \left(1 - \upsilon_c\right) \tag{2-34}$$

式中：E_c——热障涂层的弹性模量 /GPa；α_s——基体或黏结层热膨胀系数 /K^{-1}；α_c——热障涂层的热膨胀系数 /K^{-1}；ΔT——温度梯度 /K；υ_c——热障涂层的泊松比。

式（2-34）可以看出，弹性模量的降低有利于降低涂层的热失配应力，从而提高其高温热循环寿命。式（2-34）说明降低涂层与黏结层间的热膨胀系数差是降低热失配最有效的方法。

2.8　小结

传统热障涂层材料 YSZ 因易发生高温相变和烧结不适合在 1200 ℃以上长期使用，以四方相结构的 Sc_2O_3 和 Y_2O_3 共稳定的 ZrO_2（Sc_2O_3-Y_2O_3-ZrO_2）材料为基础，结合理论计算和实验测试对其物相稳定性、热膨胀系数、热导率、断裂韧性及弹性模量等影响机制进行了深入研究。传统的点缺陷声子散射模型忽视了氧空位变化对热导率的影响，本书中通过构建基于氧空位浓度变化和阳离子质量差异的声子散射新模型，准确预测了 ScYSZ 系列材料热导率，发现 ScYSZ 材料的室温热导率在（2.05~2.32）W·m^{-1}·K^{-1} 之间，较 YSZ 下降约 20%~28%，并且随着氧空位或掺杂离子含量的增加，热导率逐渐降低。其中，试样 5.5Sc-2.0Y 在 700 ℃的热导率较 5.5Sc-0.5Y 降低约 0.12 W·m^{-1}·K^{-1}，氧空位含量相同的试样 7.0Sc-0.5Y 较 5.5Sc-2.0Y 降低约 0.04 W·m^{-1}·K^{-1}，说明氧空位浓度变化对热导率的影响较阳离子质量差的作用更加显著，而和 Y^{3+} 相比，与 Zr^{4+} 质量差更大的 Sc^{3+} 对降低 ScYSZ 材料热导率更为有效。ScYSZ 中 Sc^{3+} 的掺杂有效解决了传统 YSZ 材料因 Y^{3+} 离子与 Zr^{4+} 离子尺寸差异性而导致的晶格畸变升高、Y^{3+} 晶界偏聚问题，使得 ScYSZ 材料的高温结构稳定性得到极大改善，表现为四方相（t）的 Sc_2O_3-Y_2O_3-ZrO_2 材料体系在 1500 ℃热处理 200 h 后仍有着较好的 t' 相结构稳定性，只有试样 5.5Sc-2.0Y 出现了少量 m 相，拉曼测试结果与 XRD 的结果一致。YSZ 材料在 1500 ℃热处理 100 h 已经出现约 5.4 mol% 的 m 相，热处理 200 h 后 m 相的含量达到了 41.5 mol%，热处理 336 h 后原始的 t' 相全部转变为 m 相和 c 相，而 ScYSZ （7.0Sc-0.5Y）块体 1500℃热处理 500 h 仍保持单一的 t' 相。ScYSZ 的热膨胀系数随着 Sc^{3+} 离子掺杂量的增加呈现先升高后降低的趋势，并且分子动力学模拟与实验测试的变化趋势基本一致。其中 6.5Sc-1.0Y 与 7.0Sc-0.5Y 的热膨胀系数较高，其平均值在（10.7~10.9）$\times 10^{-6}$ K^{-1} 之间，与 YSZ（10.9×10^{-6} K^{-1}）相当。其本质在于 Sc-O 的离子键能小于 Zr-O 和 Y-O 离子键能，但 Sc^{3+} 含量的增加会降低 R-O（R 为阳离子）离子间的距离，导致离子间结合能升高，热膨胀系数下降。YSZ 材料在 Sc^{3+} 掺入后，断裂韧性会小幅下降，Sc_2O_3-Y_2O_3-ZrO_2 致密块体的断裂韧性在 3.5~4.5 $MPa·m^{1/2}$ 之间，比 LC、LZ 等立方相结构的材料高很多，但由于其四方度比 YSZ 的低，因此断裂韧性与 YSZ（5.0 $MPa·m^{1/2}$）相比略有降低。努氏硬度压痕法和纳米压入测试结果显示 Sc_2O_3-Y_2O_3-ZrO_2 致密块体的弹性模量在 170~200 GPa 之间，低于 YSZ 致密块体的弹性模量（约为 220 GPa），这与其相对较大的晶格无序度和氧空位含量有关。

第3章 亚微米及纳米双模式ScYSZ涂层结构设计与性能评价

3.1 概述

对于等离子喷涂方法制备的 YSZ 热障涂层而言，除了喷涂工艺参数的影响，YSZ 喷涂粉末的原始形态对涂层的结构同样有着较大影响。其中，亚微米团聚粉末和纳米团聚粉末是目前最为常用的两种喷涂用粉末。有研究表明[197]，亚微米团聚粉末在等离子射流中可以获得充分的熔化状态，因此这种涂层呈现出以层片状堆垛的柱状晶为主的结构形貌，并且涂层孔隙率较低，硬度较高；而纳米团聚粉制备的涂层中通常包含有纳米晶和纳米未熔颗粒，这有利于降低涂层的热导率、提高其力学性能[16, 70, 198]。通过第 2 章研究发现，7.0 mol% Sc_2O_3-0.5 mol% Y_2O_3-ZrO_2（ScYSZ）材料的综合性能相对较好，因此本书主要针对该成分的涂层进行了深入研究。不同结构的涂层对其高温性能的影响不尽相同，我们首先探讨了超音速大气等离子喷涂（SAPS）制备的薄片（层片）亚微米和具有纳米"双模式"结构的 ScYSZ 涂层的高温热循环性能、抗氧化及隔热性能，然后对这两种结构的 ScYSZ 涂层热循环过程中的结构演变和失效模式进行了分析，为高性能热障涂层的制备提供重要参考。

3.2 亚微米及纳米双模式涂层制备

本书利用超音速等离子喷涂法制备具有薄片亚微米结构和纳米"双模式"结构的热障涂层，并对其高温性能进行了对比研究。首先是亚微米级的 YSZ 团聚粉末，在上述一次粉体的基础上进行了喷涂造粒，并经烧结后获得，其形貌如图 3-1 所示。由图 3-1（a）的 SEM 表面形貌可见，亚微米 YSZ 团聚呈球形，颗粒球形度较高，粒度较为均匀，粒径约为 10~60 μm；图 3-1（b）的断面形貌显示，团聚体颗粒中孔隙较少，颗粒间结合较为致密。

图 3-2 为亚微米 ScYSZ 粉末的 SEM 及 TEM 形貌。从图 3-2（a）可以看到，亚

微米 ScYSZ 粉末同样是较为均匀的球形颗粒，粒径在 20~60 μm 之间。从其断面图【图 3-2（b）】的粉末内部结构形貌可以看出颗粒间的结合更为致密。图 3-2（c）和（d）为该粉末经机械研磨与超声分散后获得的 TEM 形貌，可以看出其单个晶粒尺寸在 100~450 nm 之间，属于亚微米级别。

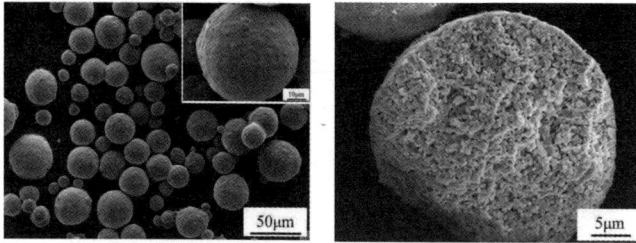

（a）YSZ表面形貌　　　　　　　　（b）YSZ断面形貌

图3-1　亚微米YSZ的SEM形貌图

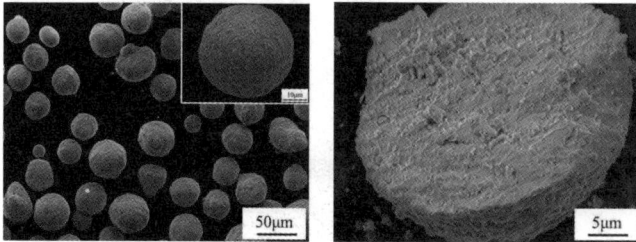

（a）ScYSZ表面形貌　　　　　　　（b）ScYSZ断面形貌

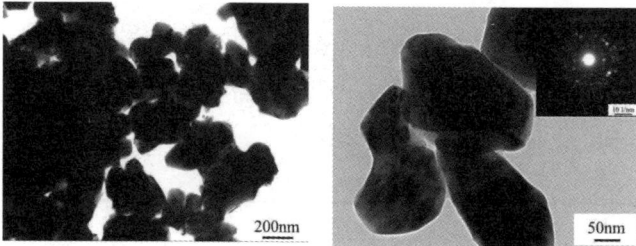

（c）TEM晶粒形态　　　　　　　　（d）TEM晶粒尺寸

图3-2　亚微米ScYSZ的微观形貌图

　　图 3-3 所示为纳米团聚 ScYSZ 粉末的 SEM 形貌及其晶粒形态。纳米团聚 ScYSZ 粉末是在一次颗粒基础上进行喷雾造粒，然后进行烧结与等离子体球化处理后获得。图 3-3（a）显示团聚体球形度较高，团聚体颗粒尺寸约为 25~60 μm。从图 3-3（b）的断面形貌看出它表现出明显的"核壳"结构，内部由较为疏松的纳米颗粒堆聚而成，外

部则是烧结致密的壳体，该结构的粉末对降低涂层热导率，提高涂层使用寿命有较大作用。图 3-3（c）为该纳米团聚粉经机械研磨与超声分散后获得的 TEM 形貌，单个晶粒尺寸约为 20~60 nm。图 3-3（d）为粉末的选区电子衍射谱（SAED），可以看出其呈现出明显的多晶结构，通过与 Zr0.86Sc0.14O1.93 的标准 PDF 卡片（No. 01-089-5480）比较发现该粉末是四方相结构，粉末的高四方结构是制备高性能热障涂层的保障。

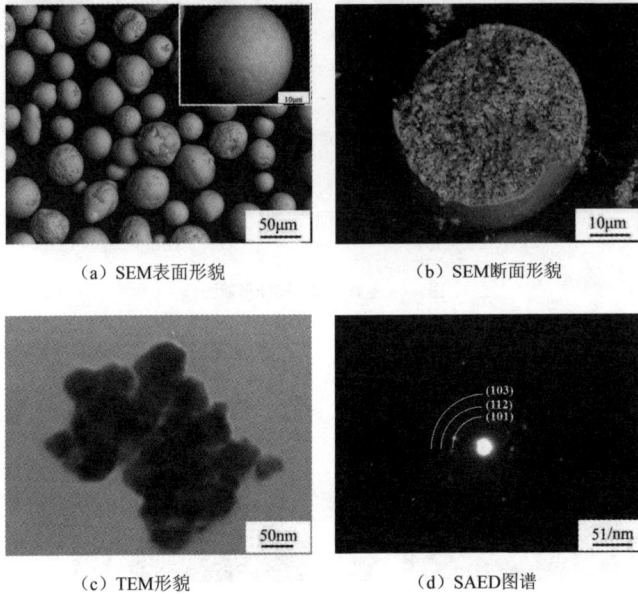

（a）SEM表面形貌　　　　　　　　（b）SEM断面形貌

（c）TEM形貌　　　　　　　　　　（d）SAED图谱

图3-3　纳米团聚ScYSZ的形貌及晶粒

本书中层片状结构热障涂层的制备主要运用了超音速等离子喷涂（SAPS）系统，其主气为 Ar，二次气为 H_2，喷涂过程中利用压缩空气冷却的方式控制基体温度在 150~200 ℃之间，详细的喷涂参数见表 3-1。

表3-1　SAPS涂层的工艺参数

涂层类型	主气 Ar /slpm	二次气 H_2 /slpm	电流 /A	电压 /V	喷涂距离 /mm	送粉率 / $g \cdot min^{-1}$
CoNiCrAlY 涂层	75	8	380	121	110	35
亚微米涂层	70.5	22	497	140	110	35
纳米双模式涂层	65	10	324	113	110	50
纳米双模式优化 C 层	65	10	324	113	110	50
纳米双模式优化 B 层	50	8	300	100	90	40
纳米双模式优化 A 层	71	22	497	155	110	30

热障涂层的隔热性能以及热冲击性能测试在作者团队自主研发的 VTC－Ⅱ型可视化在线监测火焰热冲击试验机上进行，其热源为氧气－丙烷燃烧器火焰。测试温度控制在 1300~1330 ℃之间，保温 5 min，然后使用压缩空气对基体背面急速（约 20 s）冷却至约 200 ℃，并依次循环直至涂层表面出现明显的剥落（约 10%）现象即视为失效。测试时采用压缩空气对基体背面进行冷却以获得一定的温度梯度，涂层表面及基体背面温度的测试采用非接触式红外测温仪（MI3，Raytek，USA）进行实时测试并记录。此外，对不同涂层以及金属基体的发射率通过手持红外测温仪（SMARTSENSOR AR882+，波长 8~14 μm）在电阻炉中进行了测试与校准。

3.3　亚微米ScYSZ涂层热循环性能分析

3.3.1　喷涂态涂层截面形貌特征

图 3-4 所示为亚微米 ScYSZ 涂层（S1 涂层）的喷涂态形貌。从图 3-4（a）可以看出，陶瓷层厚度较为均匀，约为 200~220 μm，黏结层厚度约为 80~100 μm。图 3-4（b）显示陶瓷层与黏结层以及黏结层与基体的结合较好。由图 3-4（c）可见，涂层中存在均匀分布的微孔隙和微裂纹，经图像分析软件 IPP 6.0（Image-Pro Plus 6.0，取 10 个 SEM 图的平均值）统计，其孔隙率约为 9.8%±0.6%，微裂纹含量 5.5%±0.5%，这些缺陷的存在有利于降低涂层热导率，提高涂层隔热性能。此外，在喷涂态涂层中没有观察到明显贯穿涂层厚度方向的纵向裂纹。

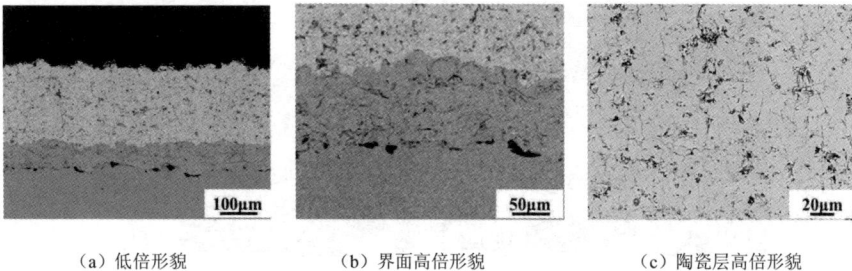

（a）低倍形貌　　　　　　（b）界面高倍形貌　　　　　　（c）陶瓷层高倍形貌

图3-4　S1涂层的喷涂态形貌及其二值图

3.3.2 亚微米涂层热循环过程中的结构演变

（1）涂层的热循环寿命

S1 涂层的热循环性能测试利用氧气－丙烷燃烧器火焰装置，在 50 s 内将涂层表面加热到 1300~1330 ℃，保温 5 min 后利用压缩空气急速冷却，并依次循环。图 3-5 为 S1 涂层热循环过程中的表面宏观形貌变化及其失效形貌，其热循环寿命约为 286 次。图 3-5（a）可以看到，经过 131 次热循环后，涂层表面出现少量的黑点，这主要是来自燃烧气体和空气中的污染物，涂层并没有出现剥落现象，随着热冲击次数的增加，表面黑点逐渐增多，直到冲击 263 次后，涂层表面出现一定的亮斑，说明有少量的陶瓷层剥落，第 286 次热冲击冷却过程中突然出现大块剥落现象，剥落面积约为 12.8%。图 3-5（b）和（c）为涂层失效后陶瓷层未剥落位置的截面形貌，喷涂态涂层【图 3-5（a）】中并没有明显的纵向裂纹，但热冲击失效涂层中出现了较多的纵向裂纹，并且与横向裂纹相交。纵向裂纹的出现与高温烧结和热冲击应力有关，而横向裂纹沿着 TGOs 附近的陶瓷层扩展并导致涂层失效。图 3-5（c）的高倍形貌显示，失效涂层中的孔隙率相对喷涂态【图 3-4（c）】降低了很多，其值约为 6.6%。此外，横向裂纹传播过程中遇到纵向裂纹时因应力得到释放而终止。烧结应力引起的纵向裂纹宽度较大，纵向裂纹的产生为热流和氧扩散提供了快速通道，会加速黏结层的氧化，如图 3-5（b）和（c）所示，在纵向裂纹尖端生成的 TGOs 较其他区域更厚。

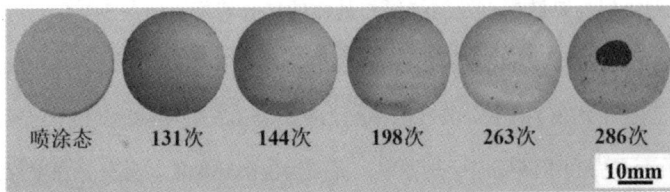

（a）热循环过程中表面宏观形貌

（b）未剥落区域低倍形貌　　　　　　　（c）未剥落区域高倍形貌

图3-5　S1涂层热循环过程中的表面宏观形貌及失效形貌

图 3-6 所示为 S1 涂层不同热循环次数时的 XRD 图谱。由图 3-6 可以看出，S1 涂层喷涂态的物相结构为单一 t' 相，并且在热循环过程中及失效后都没有出现单斜 m 相，ScYSZ 涂层显示出较好的高温 t' 相稳定性，同时也说明 t-m 相变不是导致该涂层最终失效的原因。

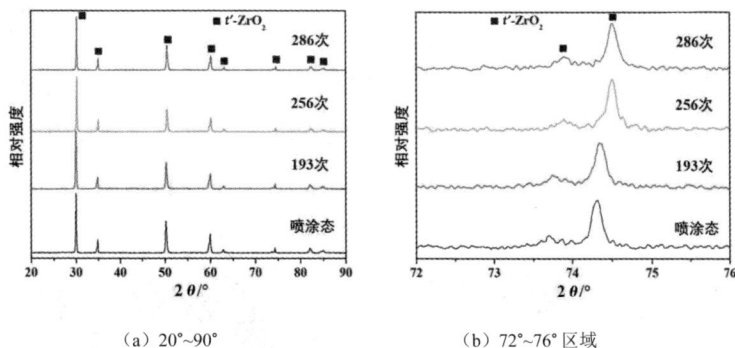

（a）20°~90°　　　　　　（b）72°~76° 区域

图3-6　S1涂层高温热循环过程中的XRD图谱

（2）热循环过程中的结构演变

高温热冲击过程中涂层的内部结构会发生变化，必然导致涂层隔热性能的变化。图 3-7 所示为 S1 涂层热冲击过程中的隔热性能曲线，其平均隔热温度约为 107.9 ℃ ±20.2 ℃，较大误差与涂层热循环过程中的结构演变有关。第一次热循环时陶瓷涂层的隔热温度约为 106.5 ℃，随着热冲击次数的增加，隔热温度呈降低的趋势，第 85 次时其隔热温度降低至 92.1 ℃，180 次时的隔热温度约为 88.9 ℃。热冲击过程中隔热性能的降低主要是高温烧结导致涂层孔隙、裂纹闭合，声子自由程相对增加，并且涂层中产生了一定的纵向裂纹的缘故。但在热冲击次数为 260 次后，涂层隔热性能反而出现升高的现象，这是由于涂层中产生了较长的横向裂纹【见图 3-5（b）】，增强了声子散射作用，从而降低涂层导热系数；但这种横向裂纹与烧结引起的贯穿性垂直裂纹相连接容易导致涂层快速失效。

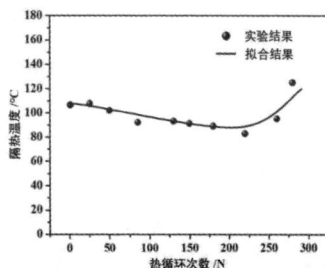

图3-7　S1涂层火焰热冲击过程中的隔热温度曲线

图 3-8 为 S1 涂层不同热循环次数时的 SEM 断面形貌图。可以看到该涂层为典型的层片状（摊片）结构，并且摊片是由多个柱状晶组成，柱状晶的形成是因为喷涂过程中熔滴与温度较低的基体碰撞形成较大的过冷度，并快速形核，在逆着热流方向择优生长所致。图 3-8（a）显示喷涂态涂层的断面形貌，喷涂态涂层中存在一定的层间裂纹和孔隙。随着热循环过程的进行，孔隙率逐渐降低，并出现一定的纵向裂纹【见图 3-8（b）和（c）】，因此出现了隔热温度下降的情况（见图 3-7）。热循环 286 次失效后【图 3-8（d）】，孔隙逐渐闭合，涂层变得更为致密，并且柱状晶晶粒长大，导致涂层隔热性能下降，但由于涂层失效前陶瓷层与黏结层界面处产生了大的横向裂纹，因此又会出现热循环后期陶瓷层隔热温度升高的趋势。

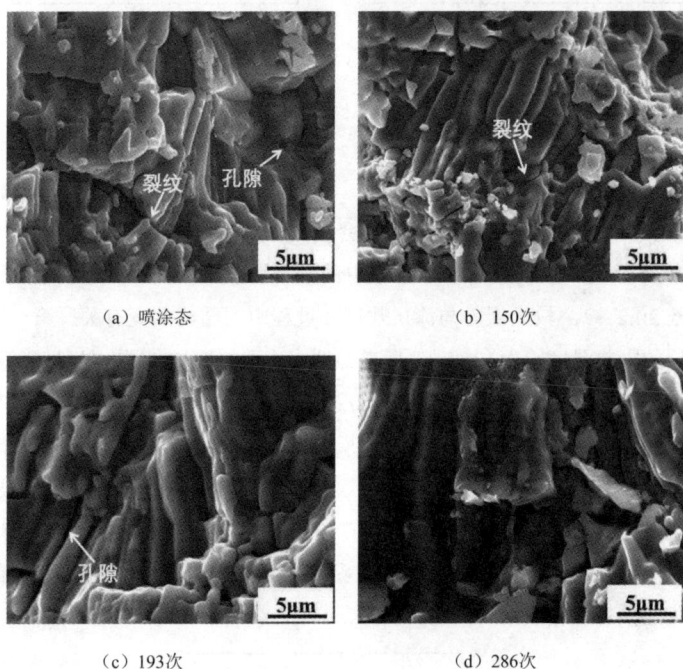

（a）喷涂态　　　　　　　　　　　　（b）150次

（c）193次　　　　　　　　　　　　（d）286次

图3-8　S1涂层热循环过程中的断面形貌

3.3.3　涂层热循环过程中TGOs生长规律

热障涂层高温服役中热生长氧化物（TGOs）层的厚度变化是衡量涂层抗氧化性能的重要指标。由于合金黏结层表面粗糙度较大，生成的 TGOs 厚度不均匀，研究人员提出了等效厚度的概念，其表征方法如式（3-1）所示[11]：

$$\delta_{eq} = \sum S / \sum L \tag{3-1}$$

式中：δ_{eq} ——TGOs 的等效厚度 /m；$\sum S$ ——TGOs 层的截面面积 /m^2；$\sum L$ ——陶瓷层与合金黏结层界面的长度 /m。

图 3-9 所示为 S1 涂层在 1300 ℃的火焰热循环过程中 TGOs 等效厚度随热循环次数增加的变化情况。TGOs 等效厚度在热循环过程中由 150 次时的 1.18 μm±0.18 μm 增加到 193 次时的 1.36 μm±0.15 μm，但涂层失效时 TGOs 的等效厚度约为 2.35 μm±0.22 μm，涂层在 193 次热循环后 TGOs 的增厚速率加快，这与涂层因烧结而形成较多贯穿性的纵向裂纹有关。此外，利用努氏硬度压痕法进一步测试了 S1 涂层热循环前后的弹性模量，其喷涂态的弹性模量约为 85.9 GPa±9.7 GPa，热循环失效后未剥落区域涂层的弹性模量升高到 152.2 GPa±13.5 GPa，这是涂层高温烧结发生致密化所致。根据式（2-34）可知，陶瓷层弹性模量升高会引起涂层 / 黏结层界面处热失配应力的增大，容易导致涂层中横向裂纹的生成及最终剥落失效。

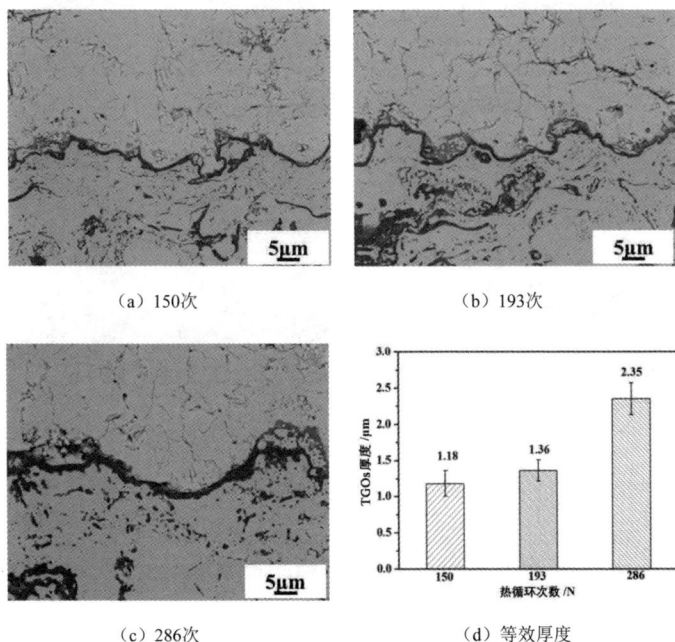

（a）150次　　　　　　　　　　　　　（b）193次

（c）286次　　　　　　　　　　　　　（d）等效厚度

图3-9　S1涂层热循环过程中TGOs厚度变化

3.4 纳米"双模式"ScYSZ涂层热循环性能分析

3.4.1 喷涂态涂层组织结构分析

图 3-10 所示为纳米 ScYSZ 涂层（N1 涂层）的喷涂态形貌。由图 3-10（a）和（b）可以看出，黏结层厚度约为 80~100 μm，陶瓷层厚度约为 200~220 μm，陶瓷层呈现出由纳米未熔颗粒和熔化结晶区组成的"双模式"结构，纳米未熔颗粒的分布较为均匀，含量约为 19.6%±1.7%，孔隙率含量 4.3%±0.5%。图 3-10（c）显示，陶瓷层与黏结层界面处同样有着较好的结合。图 3-10（d）的断面形貌可以看出，该涂层也是层状结构，层间裂纹较为明显，并且能清晰地看到一定量的未黏纳米颗粒在层状组织结构中分布的现象。

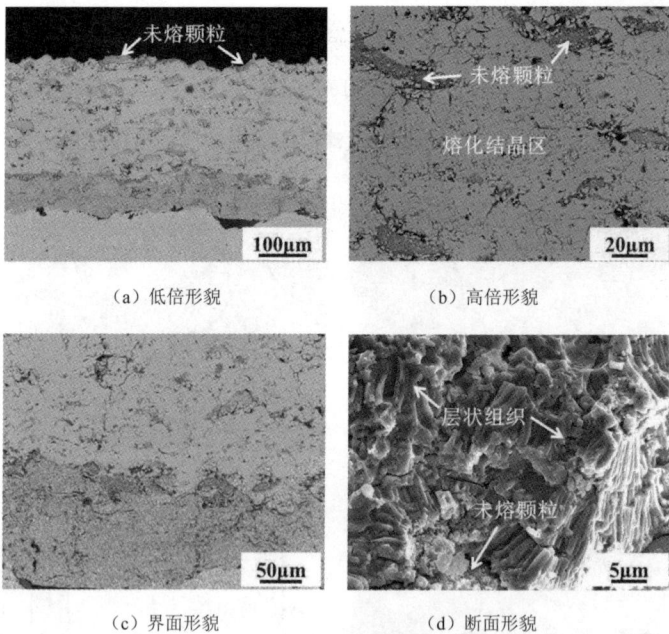

（a）低倍形貌 （b）高倍形貌

（c）界面形貌 （d）断面形貌

图3-10 N1涂层的喷涂态形貌

3.4.2 纳米"双模式"涂层热循环过程中的结构演变

图 3-11 所示为 N1 涂层热循环过程中的表面宏观形貌变化及其失效形貌。图 3-11（a）可以看出，涂层在第 376 次热循环冷却过程中出现弯曲凸起而失效。第 251 次

时右侧边缘的黑点是典型的纳米"双模式"结构涂层的点状剥落区域，这是由于表层未熔纳米颗粒与熔融区结合较差，并且纳米颗粒的堆垛较为疏松，在火焰热冲击应力作用下引起的剥落，随着热循环进行到 330 次时，样品表面中间部位同样观察到少量的点状剥落区域。图 3-11（b）显示，涂层的失效发生在 TGOs 附近的陶瓷层内，这是单陶瓷层热障涂层最常见的失效位置，主要由于陶瓷层与 TGOs 界面处热失配应力较大，使得涂层在冷却过程中因收缩不同而发生弯曲凸起。图 3-11（c）可见，横向裂纹沿着陶瓷层 / 黏结层界面扩展、传播并呈现逐渐终止的趋势。从图 3-11（d）和（e）的高倍形貌可明显看到纳米未熔颗粒在表层位置点状剥落的区域，且其周围产生较多横向裂纹，不利于涂层的长期稳定服役。

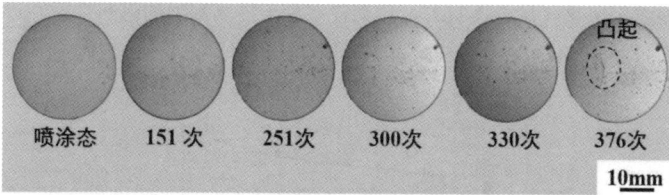

（a）纳米 ScYSZ 涂层热循环表面形貌变化

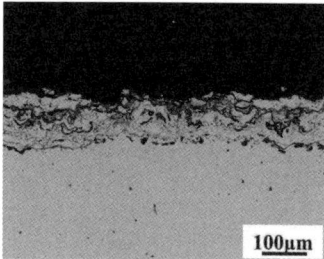

（b）剥落位置

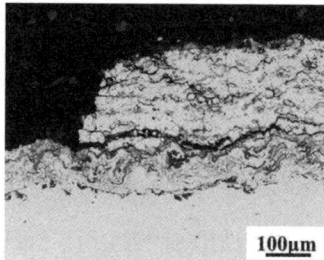

（c）剥落-未剥落区域

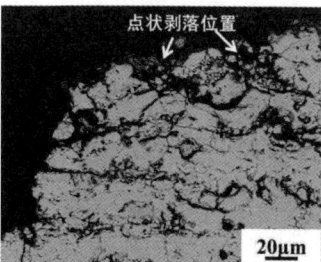

（d）c 图放大

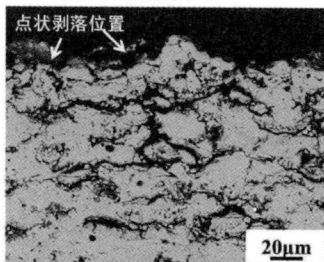

（e）表面点状剥落

图3-11　N1涂层热循环中表面形貌变化及其失效形貌

图 3-12 所示为热循环过程中 N1 涂层的隔热温度曲线。由图 3-12 可以看出，其隔热温度变化趋势与亚微米涂层的完全不同，随着热循环次数的增加，隔热温度逐渐升高，并在失效前呈现出陡增的趋势，涂层的平均隔热温度约为 125.2 ℃ ±8.8 ℃。隔热温度曲线可以说明纳米涂层热循环过程中内部结构变化与亚微米涂层不同，亚微米涂层的主要变化是高温烧结使得陶瓷层内部孔隙和微裂纹闭合，并在烧结应力作用下产生纵向裂纹，因此其隔热温度逐渐降低。与亚微米结构 ScYSZ 涂层相比，纳米"双模式"结构涂层隔热温度较高，一方面是由于纳米未熔颗粒较为疏松，其内部较多的孔隙可以散射声子，降低声子平均自由程以及涂层热导率；另一方面，随着高温热冲击的进行，涂层内部的纳米未熔区与熔融区之间会因烧结速率不同导致二者界面处形成孔隙或裂纹化现象（见图 3-11），这同样有利于提高涂层的隔热性能。

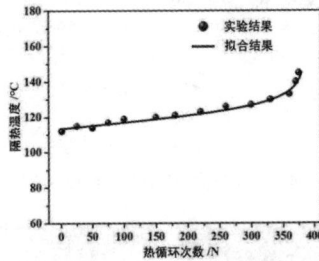

图3-12　N1涂层热循环过程中的隔热温度曲线

3.4.3　纳米"双模式"涂层层级结构优化设计

从上述纳米 ScYSZ 涂层的热循环测试结果发现，纳米未熔颗粒的存在可以提高涂层的隔热性能，并且前期研究已经证实未熔纳米颗粒含量增多有利于涂层热循环寿命的提高。但若涂层中存在较多的未熔颗粒时，尤其是当涂层表面未熔颗粒含量较多时，由于其内部结构疏松，与熔化结晶区的结合相对较弱，会在火焰热冲击应力作用下首先发生未熔纳米颗粒的点状剥落，剥落后会造成该位置应力集中，引起剥落区域周围裂纹的扩展【见图 3-11（c）】，从而影响涂层寿命。此外，若陶瓷层与黏结层界面处未熔颗粒含量较多时，则会影响其与黏结层的结合强度，因此通过改变工艺参数对该涂层厚度方向的未熔颗粒含量进行了层级梯度设计。设计思路主要是降低表层未熔纳米颗粒含量，避免点状剥落现象的出现；提高中间层纳米未熔颗粒含量，以期提高涂层的隔热性能；底层未熔颗粒含量则与 N1 涂层相近。图 3-13 为结构优化后涂层（N2 涂层）的截面形貌，由图 3-13 可以看到表层 A 层的涂层完整性较好并相对致密，未熔颗粒含量最少，约为 6.1%±0.5%；中间层 B 的未熔颗粒含量最多，约为 35.5%±1.3%；陶瓷底层 C 的未熔颗粒含量与 N1 涂层较为接近，约为 15.2%±1.1%，然后同样对该涂层在 1300~1330 ℃的高温热冲击性能进行了表征。

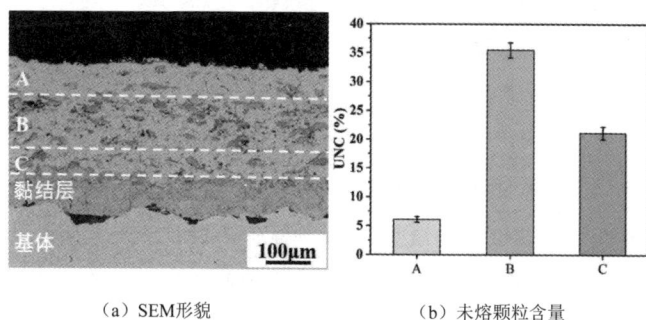

（a）SEM形貌　　　　　　　　（b）未熔颗粒含量

图 3-13　vv纳米N2涂层喷涂态SEM形貌及不同层未熔颗粒含量

图 3-14 所示为 N2 涂层热循环过程中的表面宏观形貌变化及其失效形貌。由图 3-14（a）中可以看到，涂层的热循环寿命达到 641 次，失效面积约为 15.5%，并且其失效同样是热循环后期陶瓷层发生弯曲凸起所致。在 635 次时涂层表面出现较大亮斑，说明其与黏结层之间已有较大横向裂纹产生，但在 635 次之前涂层表面并没有出现明显的变化，说明优化后涂层的结构稳定性相对较好，也有利于热循环寿命的提高，为高性能纳米"双模式"结构热障涂层的制备提供了重要参考。图 3-14（b）和（c）显示，虽然陶瓷层中间区域未熔颗粒含量较多，但涂层的失效依然发生在 TGOs 附近的陶瓷层内，TGOs 等效厚度约为 3 μm±0.4 μm，小于 TGOs 导致涂层失效的临界厚度，说明涂层的失效还是与较长热循环条件下热应力累积引起裂纹扩展有关。

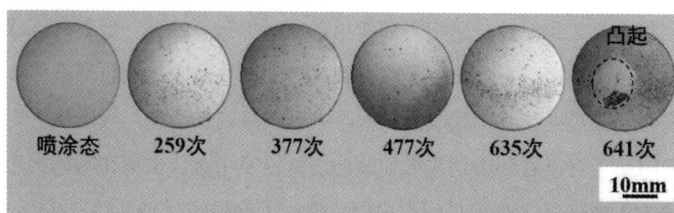

（a）优化涂层热循环过程中的宏观形貌变化

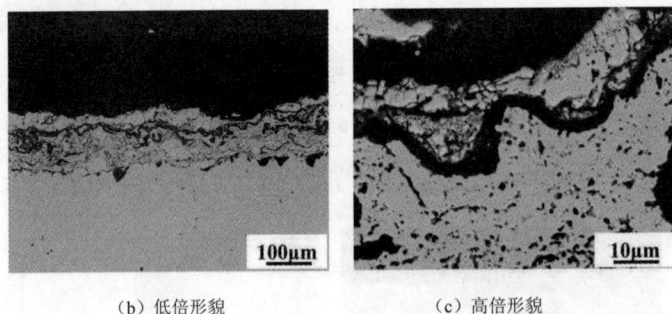

（b）低倍形貌　　　　　　　　　（c）高倍形貌

图3-14　N2涂层热循环过程中的表面形貌变化及其失效形貌

图 3-15 所示为纳米 N2 涂层热循环过程中隔热温度变化曲线。可以看到，随着热循环次数的增加，陶瓷层的隔热温度同样呈现逐渐增加的趋势，说明涂层内部结构发生了变化，并且其平均隔热温度约为 132.6 ℃ ±10.2 ℃，较未优化前 N1 涂层的平均隔热温度略有提高，说明结构优化后涂层的导热系数有所降低，这也是其热冲击寿命提高的一部分原因。

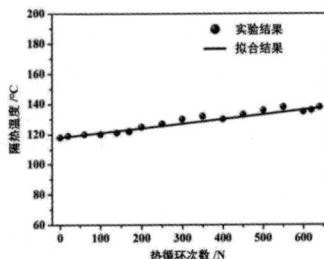

图3-15　N2涂层火焰热冲击过程中的隔热温度曲线

图 3-16 所示为 N2 涂层热循环失效后陶瓷层未剥落位置的截面形貌，可以看出涂层表层没有出现如图 3-11 所示的明显的点状剥落位置。由于表层 A 层相对较高的致密性及较高的表面温度，A 层的烧结现象较为严重，导致涂层中同样生成了纵向裂纹，但是该裂纹没有贯穿整个涂层厚度，而是终止在未熔颗粒处，说明未熔颗粒的存在还可以在一定程度上起到释放烧结应力的作用，从而抑制裂纹进一步扩展。涂层中同样观察到了横向裂纹，横向裂纹萌生于纵向裂纹尖端，并在未熔颗粒位置终止。此外，由于纳米未熔颗粒尺寸较小，比表面积大，具有较高的表面能，较熔化区更容易发生高温烧结，因此还可以看到因纳米未熔颗粒烧结速度相对较快而在其周围形成的较大孔隙，孔隙的生成降低了声子平均自由程，提高了涂层的隔热性能。接着对 N2 涂层热循环前后的弹性模量进行了表征，喷涂态的弹性模量为 41.3 GPa±6.5 GPa，热循环

失效后的弹性模量为 77.5 GPa±12.1 GPa，弹性模量的升高同样会导致涂层的热失配应力增大，但与亚微米结构的 S1 涂层相比，该涂层的弹性模量较小，进一步说明纳米未熔颗粒的存在能在一定程度上释放应力，提高涂层的应变容限[199]。

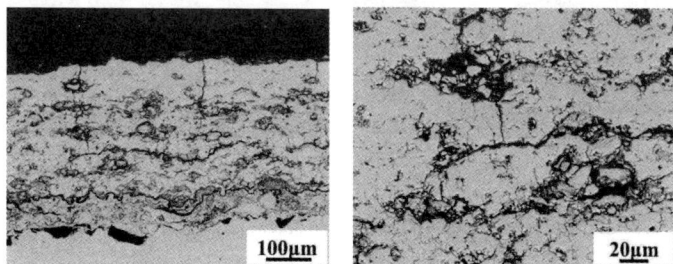

（a）低倍形貌（X300）　　　　　　（b）高倍形貌（X1000）

图3-16　N2涂层热循环失效后陶瓷层未剥落区域的截面形貌

3.4.4　失效涂层的TGOs生长特性

图 3-17 所示为上述两种结构的纳米 ScYSZ 涂层热循环失效后未剥落区域的 TGOs 形貌、等效厚度及平均生长速率图。由图 3-17（a）、（b）和（c）可以看出，N1 涂层在 376 次失效时的 TGOs 等效厚度约为 2.69 μm±0.25 μm，已经超过 N2 涂层 641 次失效时的 1.95 μm±0.11 μm，说明结构优化后涂层的抗氧化性能也得到提高，这与其热循环过程中的结构演变有关。此外，S1 涂层 286 次失效时的 TGOs 厚度为 2.35 μm±0.22 μm【图 3-9（d）】。由于三者是不同热循环次数下获得的 TGOs 等效厚度，因此需要对其进行标准化处理，文献[200] 中提出 TGOs 平均生长速率呈抛物线型，可根据式（3-2）进行表征：

$$k = \delta_{eq} / \sqrt{t} \tag{3-2}$$

式中：k ——TGOs 平均生长速率 /μm·h$^{-1/2}$；δ_{eq} ——TGOs 等效厚度 /μm；t ——热循环失效时间 /h，单次热循环保温时间为 5 min。

根据式（3-2）获得的三种涂层 TGOs 平均生长速率见图 3-17（d）所示，可以看出涂层 S1 与 N1 的 TGOs 平均生长速率相当，而 N2 涂层的 TGOs 生长速率降低了近一半，说明 N2 涂层的抗氧化性能更好。氧气可以经陶瓷层中的孔隙等缺陷到达合金黏结层界面[201]，N2 涂层表层致密度高，孔隙率相对较小，且涂层隔热性能好，陶瓷层与黏结层界面处温度相对较低，且热循环过程中内部结构稳定性高，因此抗氧化性能有所提高。

（a）N1涂层　　　　　　　　　　　　（b）N2涂层

（c）TGOs等效厚度　　　　　　　　　（d）TGOs平均生长速率

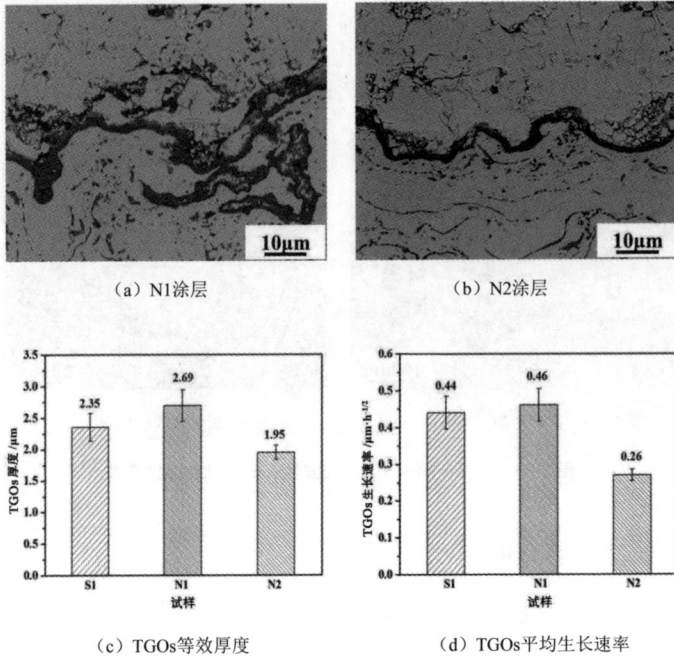

图3-17　不同涂层的失效后未剥落区域的TGOs形貌及其等效厚度

3.5　不同结构涂层的热循环失效模式

由图 3-4 喷涂态的 S1 涂层形貌看到涂层中的孔隙和微裂纹分布均匀，几乎不存在贯穿涂层厚度方向的纵向裂纹，但图 3-18（a）显示，失效后的涂层中生成了较多的贯穿整个涂层厚度的纵向裂纹，并且由图 3-18（b）、（c）和（d）的高倍形貌还可以看出涂层不同位置的孔隙及裂纹含量发生了较大变化，主要表现为陶瓷层上层【图 3-18（b）】孔隙和微裂纹闭合，涂层烧结致密化程度严重；中间层【图 3-18（c）】的孔隙和裂纹较上层多，陶瓷底层【图 3-18（d）】的孔隙率和裂纹含量最多，说明陶瓷层表面温度高的地方烧结最为严重，纵向裂纹从表面萌生并逐渐朝陶瓷层 / 黏结层界面方向扩展，最终贯穿整个涂层厚度。

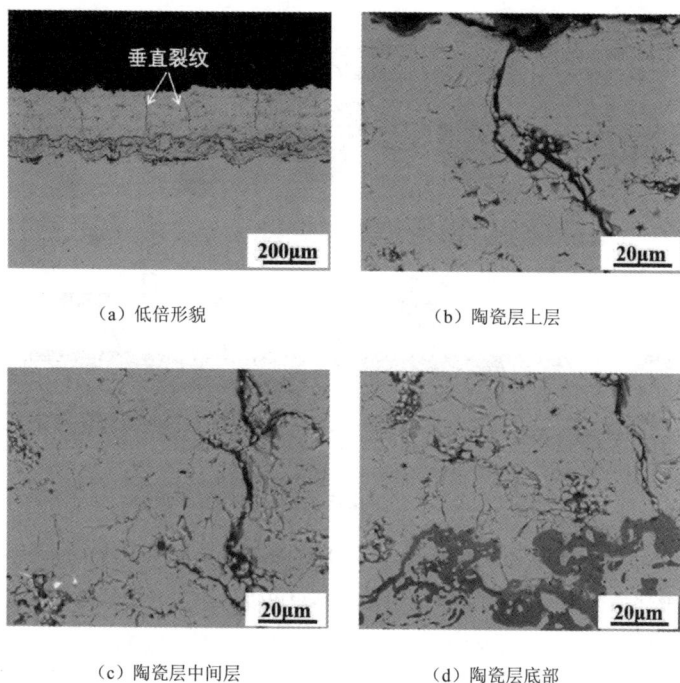

（a）低倍形貌　　　　　　　　　　　　（b）陶瓷层上层

（c）陶瓷层中间层　　　　　　　　　　（d）陶瓷层底部

图3-18　S1涂层失效后的孔隙及裂纹变化[202]

图 3-19 所示为 S1 涂层喷涂态结构形成与其高温烧结过程示意图。亚微米粉末一般是较为致密的团聚体，当其被送入超音速等离子体射流中后表层受热充分熔化，由于超音速等离子体射流较大的拖拽力作用使已熔化的表层与未熔化的粒子分离，未熔化粒子受热继续熔化，并发生细化现象，由于粒子细化现象的出现形成的涂层孔隙尺寸较小，分布更为均匀[15]；此外，喷涂过程中高温熔滴与基体或先沉积摊片的收缩不同而形成层间裂纹。因此，亚微米涂层的结构主要表现为存在均匀分布的孔隙和较多的层间裂纹。该结构涂层在高温热循环过程中，由于表面温度较高而发生孔隙和裂纹闭合，出现了表层部位先烧结的情况【见图 3-19（b）】，烧结应力使涂层表面首先出现开裂现象，即形成垂直裂纹。此外，涂层烧结引起弹性模量升高，进而导致陶瓷层 / 黏结层界面处热膨胀失配应力增大，引起横向裂纹的萌生与扩展，纵向裂纹与横向裂纹连接导致涂层剥离失效。由此可见，亚微米涂层的失效主要是因这种结构的涂层容易发生高温烧结。

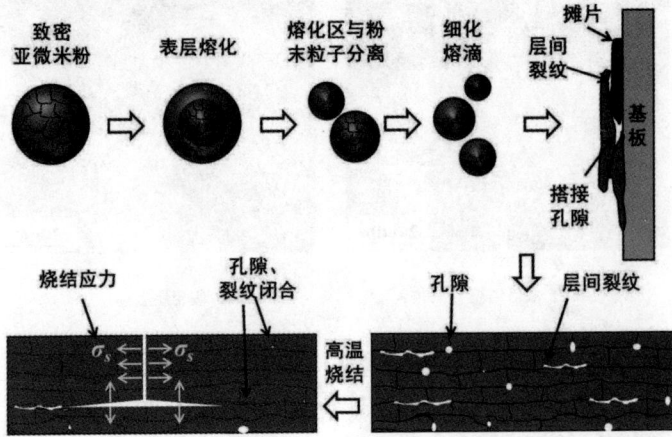

图3-19　亚微米涂层制备与热循环结构演变示意图

图 3-20 所示为纳米"双模式"结构 ScYSZ 涂层在高温热循环过程中纳米未熔颗粒的烧结变化情况。图 3-20（a）的喷涂态形貌可以看出，未熔颗粒堆垛疏松，与熔化结晶区之间没有明显的孔隙和裂纹。随着热循环的进行，由于表面能大的纳米未熔颗粒较熔化结晶区的烧结速度更快，其收缩程度比较严重，会在纳米未熔颗粒和熔融界面处形成较大的孔隙或裂纹化现象【见图 3-20（b）】，这种孔隙或裂纹的形成有利于提高涂层的隔热性能，并且还能缓解一定的残余应力。

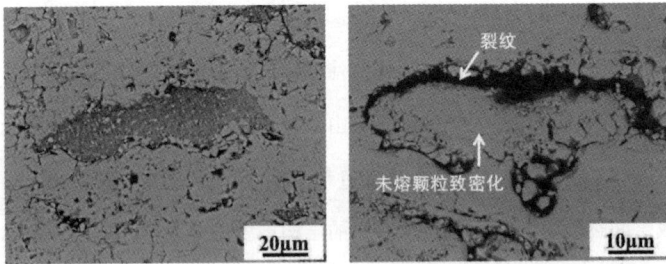

（a）喷涂态　　　　　　　　（b）失效涂层

图3-20　纳米涂层在高温热循环过程中纳米未熔颗粒的烧结变化情况

图 3-21 所示为超音速等离子喷涂方法制备的纳米"双模式"结构热障涂层形成过程与高温热冲击过程中结构演变的示意图。首先是纳米团聚粉体（粉体间仅为物理结合）在经过等离子体球化工艺后表面形成一层致密外壳从而使粉体具有一定强度；当粉末被送入超音速等离子体射流中迅速受热熔化，会形成表层熔化区；由于超音速

等离子体射流对表层熔化区形成强烈的剪切作用，造成表面熔化区与粉体主体脱离形成细小熔滴而粉体中心内部则保留了团聚态的纳米颗粒；细小熔滴撞击基体后形成摊片，而细小的纳米团聚体扁平化后则保持了喷涂前的纳米颗粒堆垛状态；未熔纳米颗粒弥散地分布在由大量摊片堆垛形成的层状组织中形成纳米"双模式"结构涂层。N1涂层因未熔纳米颗粒均匀分布，火焰热冲击作用下涂层表面会出现点状剥落从而造成其周围应力集中及涂层的开裂【见图 3-11（c）与 3-21】。N2 涂层表层致密度高，烧结程度较陶瓷层底部严重，因此会在表层形成垂直裂纹，但垂直裂纹的扩展遇到纳米未熔颗粒因应力释放而终止（见图 3-16）。此外，由于纳米未熔颗粒表面能较高，其烧结收缩速度较熔化结晶区快，从而在未熔纳米颗粒与层状结构界面之间出现孔隙或裂纹化现象【如图 3-20（b）所示】，同时摊片之间由于烧结作用导致层间界面逐渐熔合，并且陶瓷层表层的烧结较底层部位严重，这与服役温度沿涂层厚度方向的梯度分布有关。由于纵向裂纹未能全部贯穿整个涂层厚度，因此这种结构的涂层抗氧化性能较亚微米涂层的更好，这也是其热循环寿命相对较高的另一个原因。未熔颗粒与层状结构界面裂纹化现象的出现虽然能够提高涂层隔热性能，但随着热循环的进行这些裂纹会逐渐扩展并引起涂层失效；另外，较长服役时间下界面处热应力累积也会导致层状组织的层间开裂。

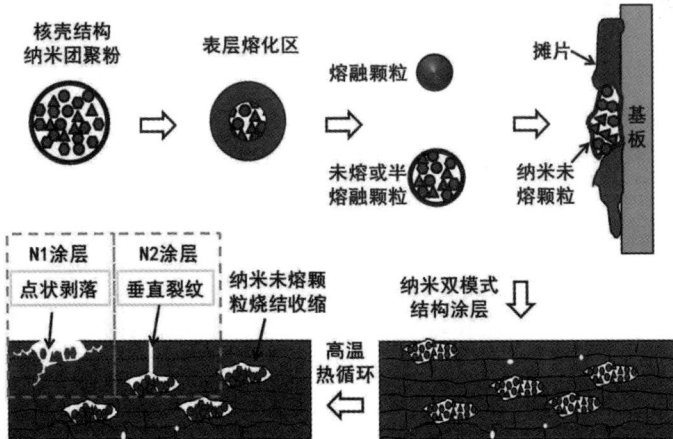

图3-21　纳米"双模式"结构涂层形成过程及热循环结构演变示意图

3.6 小结

本章主要从微观形貌演变、高温物相稳定性、隔热性能及抗氧化性能等方面对超音速等离子喷涂（SAPS）方法制备的薄片亚微米结构和纳米"双模式"结构 ScYSZ 涂层进行了表征，并对其失效机理进行了深入分析。SAPS 制备的亚微米涂层主要为薄片（层片）状结构，其喷涂态结构包含均匀分布的微孔隙和层间裂纹，涂层中几乎不存在垂直于基体表面的纵向裂纹。纳米"双模式"结构的涂层中主要由未熔纳米颗粒和层状组织组成，并且同样存在一定的微孔隙和微裂纹。此外，两种涂层都显示出较好的高温物相结构稳定性，热循环失效后仍保持与喷涂态相同的单一 t' 相，也说明相变不是其失效的主要原因。薄片亚微米涂层在 1300~1330 ℃ 的热循环寿命为 286 次，其平均隔热温度约为 107.9 ℃ ±20.2 ℃。该涂层的失效主要与高温烧结有关，涂层表面温度最高使表层发生致密化，并逐渐形成纵向裂纹，与热失配应力引起的横向裂纹相连接加速了涂层的失效。纳米"双模式"结构涂层中未熔颗粒的存在可以释放烧结应力，提高抗烧结性能，该涂层的热循环寿命较亚微米的长，其中纳米未熔颗粒均匀分布的涂层寿命为 376 次，平均隔热温度约为 125.2 ℃ ±8.8℃；对涂层中的纳米未熔颗粒在厚度方向进行优化后的涂层热冲击寿命达到了 641 次，隔热温度为 132.6 ℃ ±10.2 ℃。纳米"双模式"结构涂层较亚微米涂层隔热性能好，这是因为纳米未熔颗粒较为疏松，较大的表面能加速其烧结速率，而熔化结晶区的烧结相对较慢，因此在纳米颗粒 / 层状组织界面之间形成孔隙或裂纹化现象，使涂层热导率降低，隔热性能有所提高。纳米未熔颗粒与层状组织结晶区或者界面处的结合较弱，尤其是陶瓷表层含有大量未熔颗粒时，在热冲击应力下会发生点状剥落，容易造成应力集中，引起涂层开裂；对其进行结构优化后，点状剥落及应力集中现象有所缓解，抗氧化性能及热冲击寿命有了较大提高。但随着服役时间的增加，热应力累积容易使层状组织结构的涂层发生层间开裂，导致涂层最终剥落失效。

第4章　类柱晶涂层结构调控与高温性能评价

4.1　结构设计概述

通过对超音速等离子喷涂（SAPS）涂层高温性能研究发现不同结构涂层间性能差异较大。其中，亚微米结构涂层容易发生高温烧结，涂层热循环寿命相对较短；纳米结构的热障涂层则显示出较大的优势，其热循环使用性能有较大提高，这主要与纳米结构涂层较好的应变容限、抗烧结性能及隔热性能等因素有关。层状组织结构是SAPS 涂层的典型特征，大量的层间界面常常是裂纹的形核点，容易导致涂层服役过程中发生层间开裂与过早失效。此外，等离子喷涂对喷涂粉末形貌要求较高，即使粉末成分相同，原始形貌不同制备的涂层寿命也有较大差异。悬浮液等离子喷涂（SPS）技术是制备纳米结构涂层的有效方法，不仅可以制备类似电子束物理气相沉积（EB-PVD）的柱晶结构涂层，且涂层孔隙分布均匀，层间界面相对较小，显示出较EB-PVD 或普通大气等离子喷涂（APS）涂层更好的应变容限及热循环性能[37, 203]；并且 SPS 使用的是分散的一次粉体颗粒，可以省去粉末造粒等繁琐工艺，降低粉体原始形貌差异对涂层寿命的影响。目前，SPS 技术主要是基于 APS 系统，其沉积效率相对较低。研究 [6] 发现，SAPS 系统由于其独特的 Laval 喷枪结构，能提高飞行粒子的速度与温度，进而提高涂层的结合强度和使用寿命。本书将 SPS 工艺与 SAPS 系统相结合，即利用超音速悬浮液等离子喷涂（Supersonic Suspension Plasma Spraying,SSPS）系统制备热障涂层，以期提高涂层的沉积率和热循环寿命。由于运用 SSPS 技术制备热障涂层的研究还未见报道，首先以传统 YSZ 材料为基础，研究了 SSPS 工艺参数与涂层微观结构的相互关系，并对涂层的形成机理进行分析；然后对其进行了高温热循环测试及失效分析，获得最优化的涂层结构；最后对 ScYSZ 涂层的高温热循环性能进行综合评估。

4.2 类柱晶结构热障涂层的制备方法

本书中类柱晶结构或垂直裂纹结构的热障涂层采用超音速悬浮液等离子喷涂（SSPS）技术来制备。首先以无水乙醇为介质，利用氧化锆磨球将第 2 章中的纳米级粉末在氧化锆球磨罐中球磨 24 h，取出烘干并进行研磨，然后将该粉末超声分散到以聚乙二醇为分散剂的无水乙醇中，并进行持续搅拌。利用蠕动泵运输悬浮液浆料，并用自制的雾化器使其雾化后送入超音速等离子射流（如图 4-1 所示），其中使液相雾化所用气体为 Ar，雾化喷嘴直径约 200 μm，悬浮液中固相浓度根据喷涂参数要求来调节。由于金属基体的温度对涂层结构的影响较大，因此喷涂过程中同样利用压缩空气冷却的方式将基体温度控制在 150~200 ℃，不同涂层的喷涂工艺参数见表 4-1。

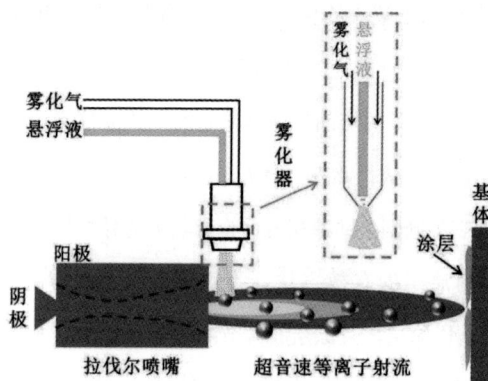

图4-1　SSPS喷涂系统示意图

表4-1　SSPS涂层结构设计的工艺参数

试样编号	主气 Ar /slpm	二次气 H_2 /slpm	电流 /A	电压 /V	功率 /kW	喷涂距离 /mm	固相含量 /wt%	送粉率 /mL·min⁻¹
C1（参比）	70	15	446	130	58	50	20	35
C2	70	15	446	130	58	40	20	35
C3	70	15	446	130	58	60	20	35
C4	70	15	446	130	58	50	15	35
C5	70	15	446	130	58	50	25	35
C6	70	14	400	125	50	50	20	35
C7	70	15	500	130	65	50	20	35
C8	70	15	446	130	58	50	20	25
C9	70	15	446	130	58	50	20	45

4.3　类柱晶结构涂层的结构调控

4.3.1　类柱晶结构涂层的沉积率

SSPS 涂层的沉积率主要通过涂层厚度与喷枪扫过基体次数的比值来表征，涂层沉积过程中控制基体温度在 150~200 ℃之间，以降低基体温度对涂层结构的影响。图 4-2 为涂层沉积率和喷涂工艺参数间的关系。图 4-2（a）显示，涂层的沉积率随着喷涂距离的增加而降低，这是因为随着距离的增加等离子射流会逐渐变宽，使得飞行粒子被分散，从而降低了涂层的沉积率；另一方面，距离增加使粒子撞击基体的温度、速度降低，也是其沉积率降低的原因。另一个影响涂层沉积率的参数是悬浮液中固相溶质的浓度。由图 4-2（b）可见，当固相浓度由 15 wt% 增加到 25 wt% 时，涂层的沉积率随之增加。固相浓度较低时，进入等离子射流中溶剂含量相对较多，溶剂的蒸发会消耗射流大量的能量，从而导致涂层沉积率降低。图 4-2（c）显示了涂层沉积率与喷涂功率的关系，在一定范围内，随着喷涂功率的增加，涂层的沉积率逐渐增大，因为功率增大可为溶剂蒸发和粒子熔化提供了更多能量，有利于涂层沉积率的提高。但是喷涂功率过大可能造成粒子的过熔，反而会降低涂层沉积率和质量。此外，液相送粉率同样会影响涂层的沉积效率。从图 4-2（d）可以看出，随着送粉速率的增加，涂层的沉积率呈逐渐升高的趋势，这与普通大气等离子喷涂的结果类似。可见，在一定范围内提高固相浓度、喷涂功率或液相送粉率可以提高涂层的沉积率，而喷涂距离的增加则会降低涂层的沉积率。

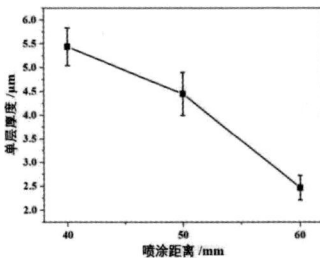

（a）喷涂距离的影响　　　　　　　　　（b）固相浓度的影响

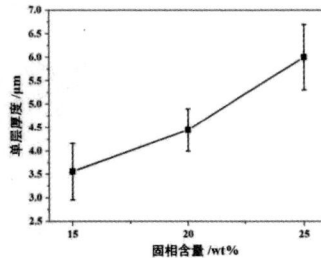

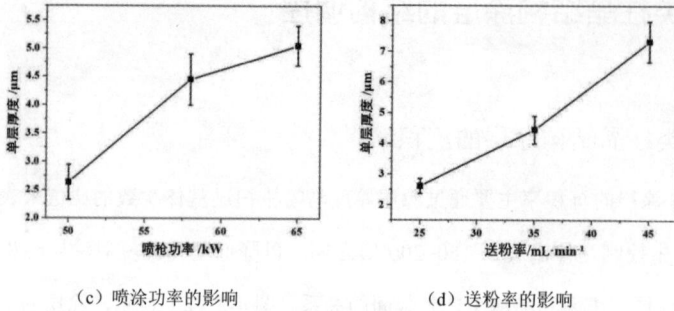

（c）喷涂功率的影响　　　　　　　（d）送粉率的影响

图4-2　涂层沉积率和喷涂参数的关系

4.3.2　涂层的微观形貌特征

图 4-3 为不同喷涂参数制备的涂层 SEM 截面形貌，SSPS 涂层的结构可分为类似 APS 涂层的垂直裂纹结构（Dense Vertically Cracked Structure，DVC[204] 或者 Segmentation Crack[205]）或类似 EB-PVD 涂层的柱晶（或羽毛状）结构。图 4-3（a）中参比样 C1 涂层是垂直裂纹结构涂层的典型代表，其裂纹间隙宽度小于 2 μm。图 4-3（b）显示 C2 涂层同样具有垂直裂纹结构，但是裂纹间的间隙较宽，约为 8~10 μm，当喷涂距离为 60 mm 时，涂层 C3 呈现出类柱晶结构。对于固相浓度的影响可从图 4-3（d）和（e）中看出，浓度较低时，涂层为类柱晶结构（C4 涂层）；浓度增高时，C5 层变为垂直裂纹结构，裂纹间隙约为 5 μm，并且涂层中出现了明显的横向裂纹及层间孔隙带，这种层间孔隙带有利于降低涂层的热导率，但也会降低陶瓷层的内聚强度或结合强度。图 4-3（f）和（g）显示，喷涂功率同样影响涂层的结构形貌，随着喷涂功率的增大，涂层逐渐由垂直裂纹结构（C6）转变为类柱晶结构（C7）。图 4-3（h）和（i）显示送粉率的影响与固相浓度的影响类似，即随着送粉率的增大，涂层由类柱晶结构（涂层 C8）转变为垂直裂纹结构（涂层 C9），且 C9 涂层与 C5 涂层相比，层间孔隙带变得更明显。

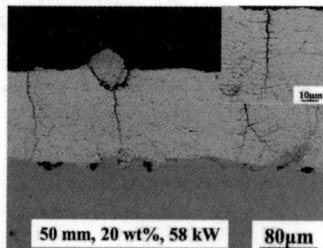

（a）参比涂层C1

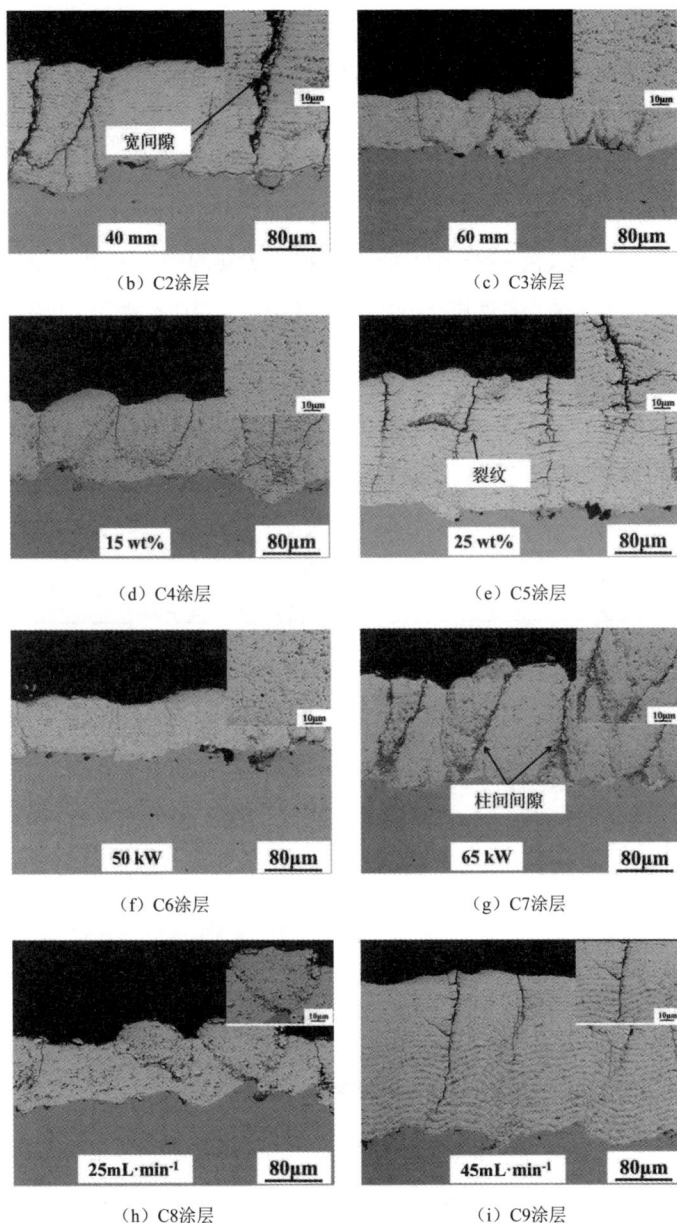

（b）C2涂层　　　　　　　　　　　（c）C3涂层

（d）C4涂层　　　　　　　　　　　（e）C5涂层

（f）C6涂层　　　　　　　　　　　（g）C7涂层

（h）C8涂层　　　　　　　　　　　（i）C9涂层

图4-3　不同喷涂参数制备的涂层截面形貌

垂直裂纹（或柱晶间隙，此处统称为垂直裂纹）密度对热障涂层的性能有着重要影响。垂直裂纹密度定义为在平行于表面方向的单位长度内尺寸大于涂层厚度一半的垂直裂纹个数，单位为 mm^{-1}。Zhu 等人 [206, 207] 运用区域有限元模型结合压缩测试计算了热障涂层的界面结合能，并研究了涂层表面开裂和界面分层剥落的相互关系，发现垂直裂纹密度对界面裂纹的萌生和扩展有很大影响，提高垂直裂纹密度和界面结合能可在一定程度上抑制界面分离，从而提高热障涂层的循环持久性。图 4-4 为不同涂层中垂直裂纹密度与喷涂参数的关系图，降低固相浓度和送粉率或提高喷涂距离和功率都可以提高垂直裂纹的密度。对比图 4-3 和图 4-4 发现，具有类柱晶结构的涂层（C3，C4，C7 和 C8）较垂直裂纹结构涂层中的裂纹密度大，说明类柱晶结构涂层应变容限更好。

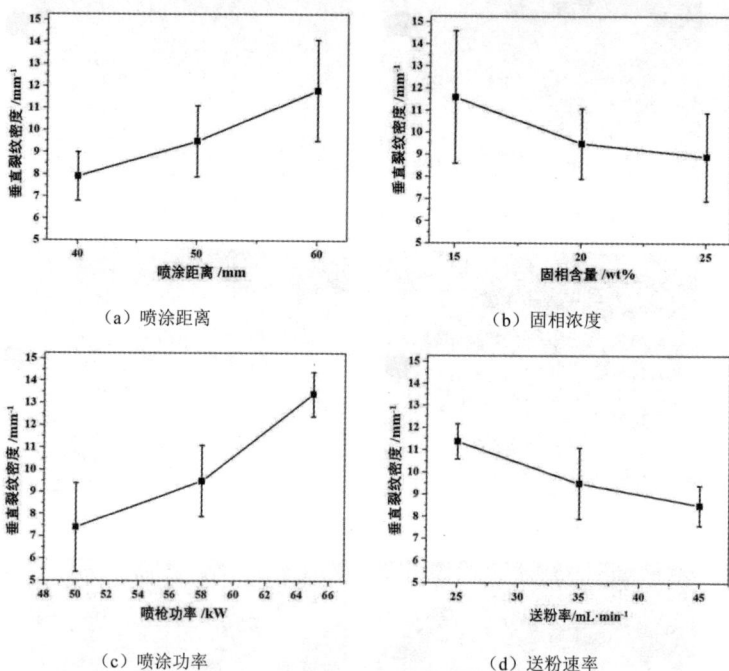

（a）喷涂距离　　　　　　　　　　（b）固相浓度

（c）喷涂功率　　　　　　　　　　（d）送粉速率

图4-4　垂直裂纹密度与喷涂参数的关系

4.4　涂层形成机理分析

悬浮液等离子喷涂制备的涂层结构包括垂直裂纹结构或类柱晶结构，并且涂层中存在大量均匀分布的微孔，因此，深入探索涂层的形成机理对控制涂层结构具有重要的指导作用。图 4-5 为 SSPS 过程中液滴在等离子射流中的演化过程示意图。当液流经雾化送粉器被送入射流时会受到等离子体拖拽力的作用而发生剪切变形，导致较大的液滴被破碎；然后溶剂在高温射流中蒸发，并消耗等离子一部分能量，同时一些固态粒子发生烧结或熔化经射流加速与基板撞击形成较小的摊片或未熔颗粒，并逐渐累积形成涂层。

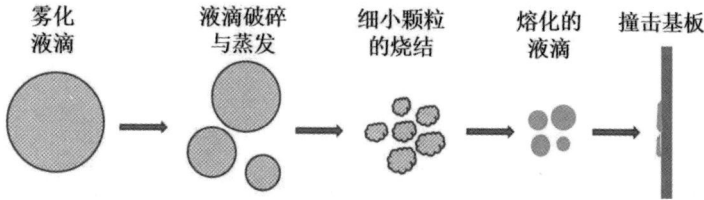

图4-5　雾化液滴在等离子体中的演化过程图示

研究表明液相喷涂过程中飞行粒子尺寸受等离子射流轨迹影响较大[208]。当粒子尺寸较大时（如 40 μm），其飞行轨迹受等离子射流的影响较小，与基板的撞击方向几乎是垂直的，所制备的涂层结构一般为层片状结构，例如图 4-6 中的涂层 A 或传统 APS 方法制备的涂层。当粒子尺寸在 5~40 μm 时，等离子射流会影响粒子的飞行轨迹，从而产生了平行于基板表面方向的速度分量，并且由于喷涂过程总是朝一个方向进行，当熔滴与粗糙度较大的基板撞击时会形成遮蔽效应，及涂层倾向于基板凸起的一侧生长，而另一侧的生长则相对缓慢，从而形成垂直裂纹间隙，如图 4-6 所示涂层 B。当粒子尺寸在 1~5 μm 之间或更小时，粒子的飞行轨迹受射流形状与的影响急剧增大[208]，与基板撞击时平行于基板表面方向的速度分量更大，使遮蔽效应增强，涂层在凸起部位另一侧的生长几乎受到限制，就会形成类柱晶结构涂层（图 4-6 涂层 C）。粒子尺寸的大小不仅与原始颗粒的大小有关，射流对雾化液滴的剪切作用造成的液滴破碎后的尺寸影响更大。因此，喷涂参数对涂层结构的影响也比较大，如果喷涂功率相对较高，射流的刚性较大，对液滴的破碎作用更强，粒子尺寸就更小，更容易产生平行基板表面方向的速度分量，因此易于形成类柱晶结构涂层【图 4-3（g）所示 C7 涂层】。如果液相送粉率或悬浮液固相浓度较大，相当于增大了飞行粒子尺寸，垂直裂纹间隙的涂层更容易形成（见图 4-3 所示 C5 或 C9 涂层）。因此，与传统的等离子喷涂方法相比，超音速悬浮液喷涂的涂层结构可控性更强。并且涂层中会形成有纳米未熔颗粒形成的层状孔隙带【图 4-3（i）】，并且孔隙尺寸较小，分布均匀，有利于降低涂层的热导率，提高热循环使用寿命。

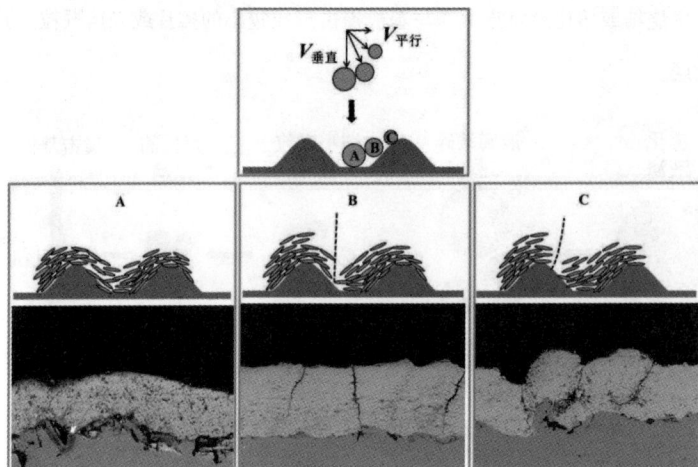

图4-6　SSPS涂层的形成机理示意图

4.5　涂层的高温热循环性能研究

根据不同涂层的沉积率和微观结构形貌，制备了图 4-7 所示的四种具有典型结构的涂层，并对其在 1300~1330 ℃条件下的高温热循环性能进行了评估。四种涂层的结构分别为垂直裂纹结构的 C1，垂直裂纹间隙较宽的 C2，柱间间隙较宽的 C5 及类柱晶结构的 C7，其喷涂态形貌如图 4-7 所示。其中 C5 涂层是在图 4-3（e）的基础上通过提高射流速度所获得。图 4-7 显示陶瓷层厚度基本相同，在 180~200 μm 之间，黏结层厚度在 80~100 μm 之间。

对四种涂层在氧气－丙烷火焰热冲击下的服役寿命进行了测试，发现涂层 C1 在 128 次发生剥落失效，涂层 C2 的热循环次数仅有 51 次，涂层 C5 约为 137 次，而涂层 C7 达到了 354 次。总体而言，具有类柱晶结构的涂层的热循环寿命大于垂直裂纹结构的涂层。

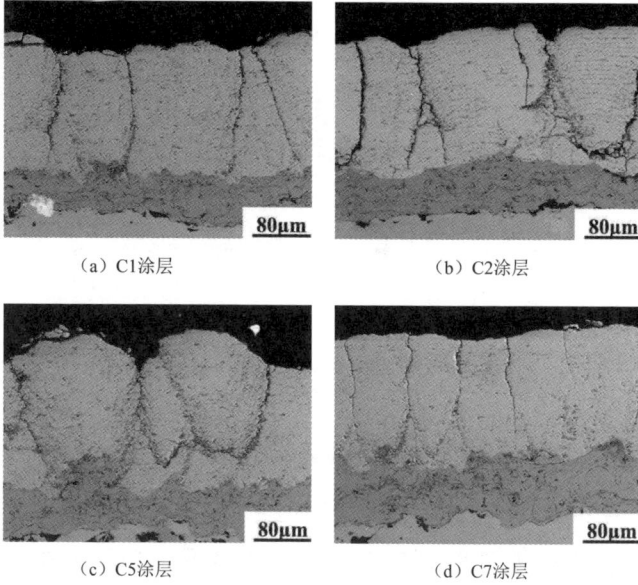

（a）C1涂层　　　　　　　　　　　　（b）C2涂层

（c）C5涂层　　　　　　　　　　　　（d）C7涂层

图4-7　热冲击试样的喷涂态形貌

4.6　涂层热循环失效机制分析

传统观点认为 YSZ 在 1200 ℃以上使用时容易发生 t 和 m 相的转变，从而引起 YSZ 涂层过早失效。然而也有文献报道 [71]，t 相和 m 相变的发生需要一定的孕育期，且四方相晶粒尺寸较小时则可以延缓 m 相的形成。图 4-8 为四种涂层高温热循环前后的 XRD 衍射图。由图 4-8（a）可以看出，四种涂层的喷涂态结构都是单一的 t' 相结构，这从图 4-8（b）的高角度区域可以得到进一步证实。图 4-8（c）为热循环失效后涂层的 XRD 图谱，可以看出，涂层中有少量的 t 相和 c 相生成，但都没有 m 相生成，说明 t 和 m 相变不是导致这些涂层失效的主要原因。

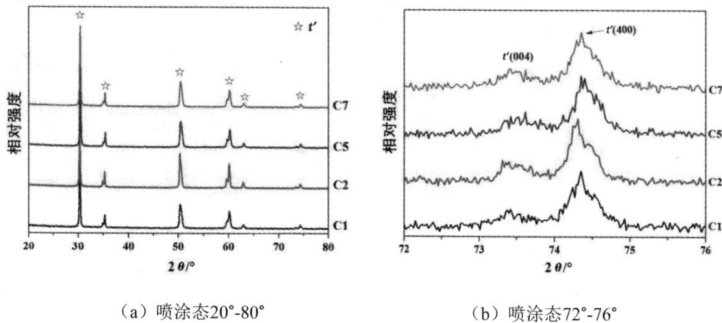

（a）喷涂态20°-80°　　　　　　　　　（b）喷涂态72°-76°

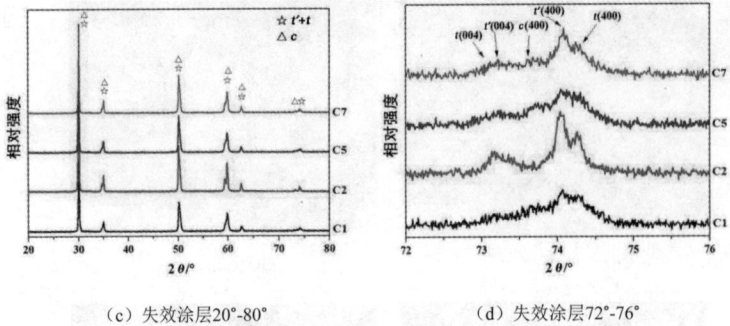

（c）失效涂层20°-80°　　　　　　　　（d）失效涂层72°-76°

图4-8　不同涂层热循环前后的XRD衍射图谱

图 4-9 为四种涂层热循环失效后未剥落区域的截面 SEM 形貌。图 4-9（a）显示，涂层 C1 中形成了一层相对均匀、致密的以 Al_2O_3 和少量混合氧化物为主 TGOs 层，横向裂纹在垂直裂纹尖端萌生，并在 TGOs 附近的陶瓷层内扩展、传播。图 4-9（b）和（c）可以看到，涂层 C2 和 C5 的失效部位发生在 TGOs 内部及其附近的陶瓷层内，由于垂直裂纹间隙较宽，为氧气和高温热流提供了直接通道，使黏结层发生了严重的氧化，Cr_2O_3、CoO、NiO 及其他尖晶石氧化物的形成会引起较大的体积膨胀，从而增大黏结层和陶瓷层界面之间的热应力，导致脆性较大的陶瓷层中横向裂纹的萌生与扩展，使 C2 或 C5 涂层过早失效。图 4-9（d）的 C7 涂层中横向裂纹也出现在 TGOs 附近的陶瓷层内部，由于热循环次数较长，有一定的尖晶石氧化物形成，且横向裂纹沿着该氧化物凸起处传播，使较脆的陶瓷层首先发生失效剥落。

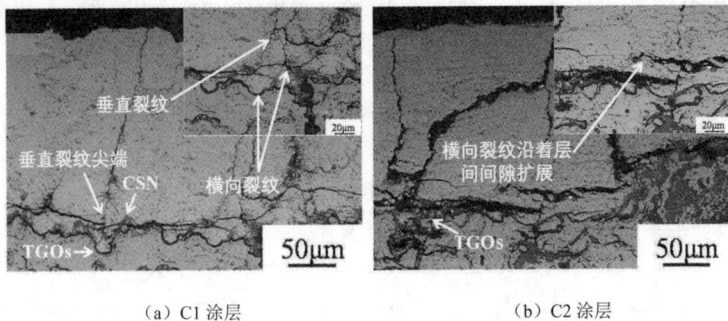

（a）C1 涂层　　　　　　　　　　　（b）C2 涂层

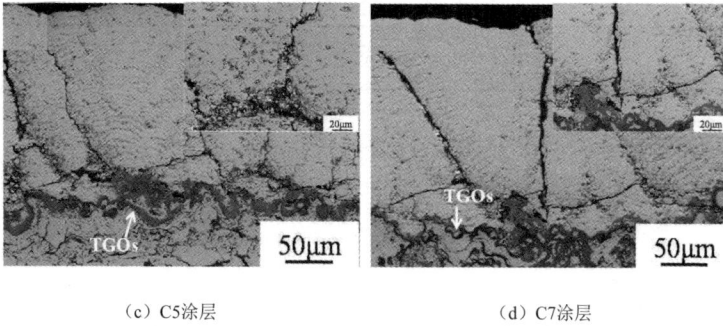

（c）C5涂层 （d）C7涂层

图4-9 不同涂层热循环失效后未剥落区域的截面形貌[209]

热应力是导致热障涂层失效的一个主要原因，热应力又可分为法向应力（垂直于涂层表面方向）和径向应力（平行于涂层表面方向），其中径向应力是涂层中产生纵向裂纹的诱因，而法向应力则会引起横向裂纹的产生及涂层的最终剥落。作者运用Ansys 15.0 软件模拟了垂直裂纹或柱间间隙对涂层最大法向拉应力的影响。有限元模型包括 180 μm 厚的 YSZ 层、3 μm 厚的 TGOs 层、80 μm 厚的黏结层和 6 mm 厚的高合基体。其中，TGOs 形貌设定为均匀分布的正弦曲线。模拟过程中假定试样侧面为绝热状态，表面温度设定为 1300 ℃。为了简化计算，假定不同结构的 YSZ 层的物性参数相同，所用参数见表 4-2。图 4-10 为热应力引起的不同涂层一次热循环后的法向应力分布情况。可以看出，涂层的最大法向拉应力都出现在裂纹尖端，这是导致涂层分层失效的主要原因，且垂直裂纹深度对其周围的应力分布有较大影响。通过比较不同涂层中的应力情况发现，类柱晶结构的 C7 涂层（905 MPa）最大应力小于垂直裂纹结构的 C1 涂层（1520 MPa）。C7 涂层的垂直裂纹密度较 C1 大，表明垂直裂纹的存在可以释放涂层中的应力，因此 C7 涂层的热循环寿命较 C1 的长。法向拉应力是导致涂层产生横向裂纹的主要原因，说明 C1 涂层相对较短的热循环次数与其较大的拉应力有关。对于 C2 或 C5 涂层而言，较宽的裂纹间隙使其热应力得到一定的释放，因此涂层的最大拉应力较 C1 和 C7 涂层小很多，这也说明热应力不是导致 C2 涂层较快失效的主要原因。

表4-2　YSZ层的物性参数

温度	热膨胀系数	热导率	弹性模量	泊松比	密度
/℃	/10⁻⁶·K⁻¹	/W·m⁻¹·K⁻¹	/GPa		/kg·m⁻³
室温	10.4	1.749	48	0.2	5280
200	10.5	1.736	47	0.2	5280
400	10.7	1.596	43	0.2	5280
800	10.8	1.547	39	0.2	5280
1100	10.9	1.620	25	0.2	5280

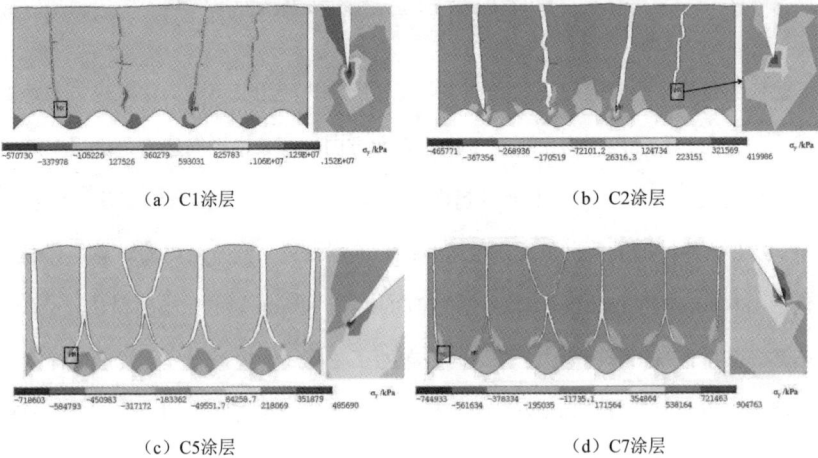

（a）C1涂层　　　　　　　　　　　　（b）C2涂层

（c）C5涂层　　　　　　　　　　　　（d）C7涂层

图4-10　一次热循环冷却后不同涂层中的法向应力分布

图 4-11 所示为热循环过程中不同涂层的隔热温度曲线，其平均隔热温度见表 4-3。可以看到，类柱晶结构的 C7 涂层隔热效果最好，涂层 C1 的相对较低，当垂直裂纹间隙变宽时隔热温度会大大降低（如涂层 C2 和 C5）。图 4-11 中涂层隔热温度随热循环次数增加而升高的趋势则主要是因横向裂纹在涂层内部萌生和扩展使得声子的平均自由程降低，从而降低了涂层的热导率。图 4-12 为有限元模拟得到的不同涂层在热循环过程中的温度分布情况，从图中可以看到高温下涂层发生了膨胀，即垂直裂纹或柱间间隙变窄的现象，说明这种结构的涂层应变容限较好。由表 4-3 可见，模拟得到的不同结构的陶瓷层隔热温度与实验测试结果的趋势完全一致，两者的偏差主要是由于模拟得到的是一次热循环结果，而实验值则是整个热循环过程中的平均值。根据其隔热温度可发现，涂层 C2 和 C5 的陶瓷层与黏结层界面处的温度都超过了 1200 ℃，超出了高温合金基体的长期使用温度极限，因此涂层的热循环寿命较低。

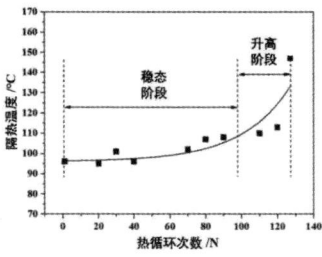

（a）C1涂层

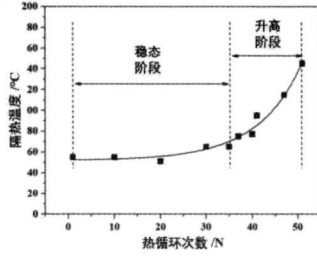

（b）C2涂层

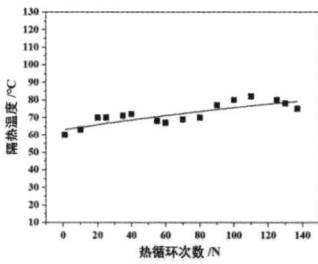

（c）C5涂层

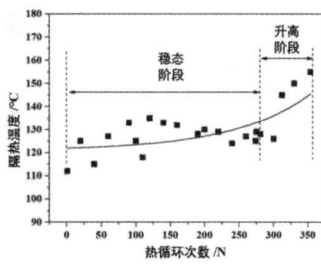

（d）C7涂层

图4-11 热循环过程中不同涂层的隔热温度曲线

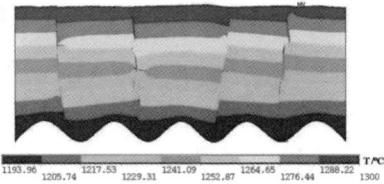

（a）C1涂层

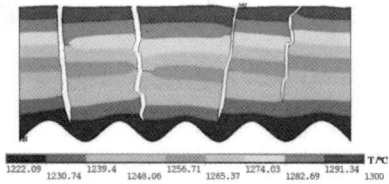

（b）C2涂层

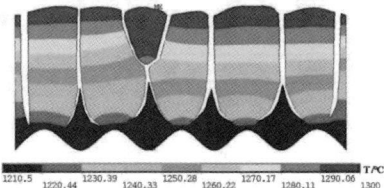

（c）C5涂层

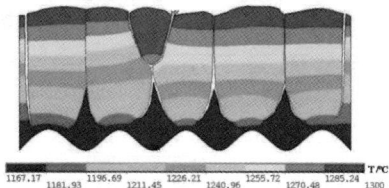

（d）C7涂层

图4-12 热循环过程中不同涂层内部的温度分布情况

表4-3　实验和模拟所得陶瓷层与黏结层界面温度

界面温度 /℃	C1	C2	C5	C7
实验结果	1198.8	1239.9	1228.7	1178.7
模拟结果	1194.0	1222.1	1210.5	1167.2
偏差	4.8	17.8	18.2	11.5

图 4-13 所示为涂层 C2 失效后的截面及 EDS 能谱。EDS 测试结果显示黑色区域 1 位置的成分主要为 Al_2O_3，灰色区域 2 位置则为氧化铬和氧化镍等混合氧化物。该涂层的垂直裂纹间隙较宽，为高温热流和氧分子提供了直接通道，加速了黏结层的氧化。根据图像法统计及公式（3-1）计算得出 TGOs 等效厚度约为 6.2 μm，达到了因 TGOs 生长导致涂层失效的临界厚度（约 6 μm）[12]，因此涂层 C2 的失效主要是由黏结层氧化引起的 TGOs 生长应力所致。

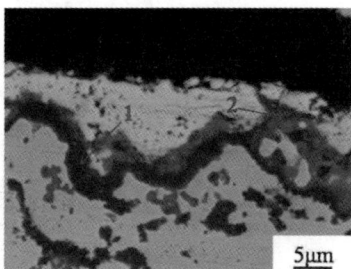

（a）SEM形貌

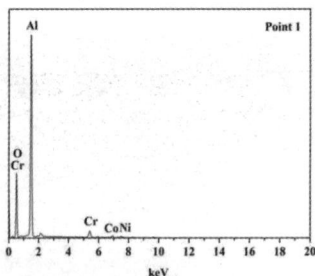

Element	Atoms /at. %
O	59.39
Al	37.23
Cr	1.97
Co	0.69
Ni	0.72

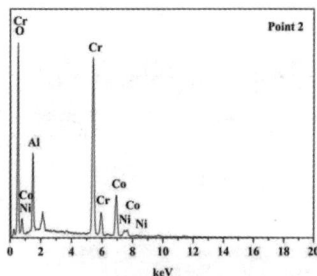

Element	Atoms /at. %
O	55.65
Al	9.77
Cr	23.95
Co	9.44
Ni	1.19

（b）区域1能谱　　　　　　　（c）区域2能谱

图4-13　涂层C2的微观形貌及EDS能谱

图 4-14 为 C7 涂层热循环前后的断面形貌。从图 4-14（a）可以看出，与传统喷涂方法制备的以柱状晶为主的涂层结构不同，SSPS 喷涂态涂层内部主要为等轴晶晶粒。有文献 [210] 指出，这种等轴晶的形成主要是因为纳米级熔滴相对较低的冷却速率。此外，SSPS 涂层中同样存在一定的孔隙和微裂纹。由图 4-14（b）可见，热循环失效后涂层中的裂纹和孔隙闭合，涂层趋于致密化，并且失效后涂层的垂直裂纹密度约为 14.8 mm^{-1}±1.1 mm^{-1}，较喷涂态（13.4 mm^{-1}±1.0 mm^{-1}）有所增加，说明高温下涂层发生了烧结，烧结应力的累积引起裂纹扩展，并最终导致涂层失效。

（a）喷涂态形貌　　　　　　　　　　（b）热循环失效形貌

图4-14　喷涂态及热循环失效后C7涂层的断面形貌

4.7　ScYSZ涂层的高温热循环性能

4.7.1　ScYSZ涂层的喷涂态形貌特征

本节根据上述对 SSPS-YSZ 热障涂层高温性能的优化结果，利用 SSPS 技术制备了如图 4-15 所示的具有垂直裂纹结构（ScYSZ-V）和类柱晶结构（ScYSZ-C）的 ScYSZ 涂层。图 4-15（a）可以看到，ScYSZ-V 涂层主要是垂直裂纹结构，涂层垂直裂纹密度约为 9.2 mm^{-1}±1.0 mm^{-1}。图 4-15（b）可以看到该涂层孔隙尺寸较小，分布较为均匀，孔隙率约为 14.4%±0.6%。图 4-15（c）和（d）为 ScYSZ-C 涂层的喷涂态形貌，柱间间隙（垂直裂纹）密度约为 14.5 mm^{-1}±1.5 mm^{-1}，孔隙率约为 12.2%±1.0%，并且纳米未熔颗粒有沿着柱晶间隙分布的趋势，这种结构对降低涂层的热导率较为有利。

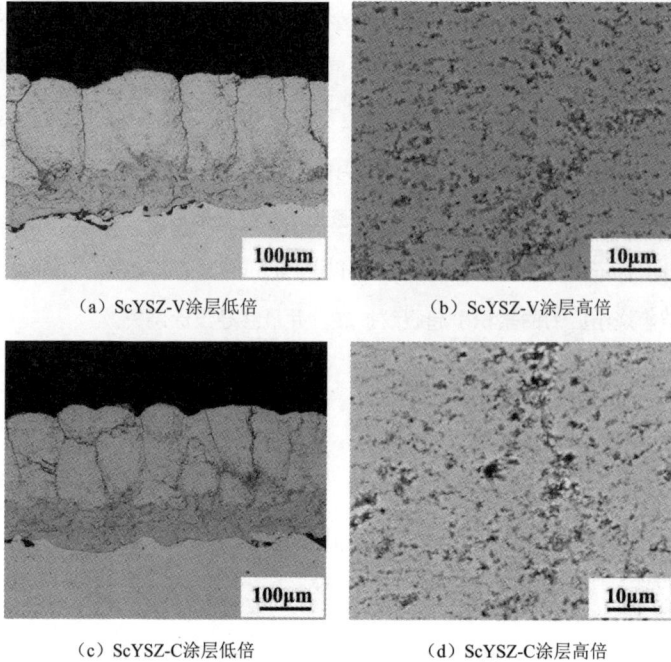

（a）ScYSZ-V涂层低倍　　　　　　　　（b）ScYSZ-V涂层高倍

（c）ScYSZ-C涂层低倍　　　　　　　　（d）ScYSZ-C涂层高倍

图4-15　不同结构的ScYSZ涂层喷涂态的SEM形貌

　　为了研究不同结构类型涂层的应变容限，利用努氏硬度压痕法对 ScYSZ 的喷涂态涂层进行了弹性模量表征。亚微米结构的 S1 涂层的弹性模量为 85.9 GPa ± 9.7 GPa，而纳米"双模式"结构的 N2 涂层的弹性模量降低到 41.3 GPa ± 6.5 GPa，说明 N2 涂层的应变容限较好，这与该涂层中较多的缺陷含量有关。与之相比，ScYSZ-V 涂层的弹性模量约为 36.6 GPa± 5.8 GPa，ScYSZ-C 涂层的弹性模量为 30.2 GPa ± 5.5 GPa，说明类柱晶结构的 ScYSZ 涂层的应变容限最好，这是因为垂直裂纹的存在有利于降低涂层的刚性，从而降低涂层的弹性模量。虽然 S1 涂层热循环失效后也有垂直裂纹产生，但该涂层烧结致密化程度严重，其弹性模量仍呈现升高的趋势。ScYSZ-C 涂层的垂直裂纹密度较 ScYSZ-V 涂层的高，所以其应变容限得到较大提高，这对降低涂层热失配应力、提高涂层高温热循环持久性极为有利。

4.7.2　垂直裂纹结构ScYSZ涂层的热循环结构演变

　　图 4-16 所示为不同结构的热障涂层在表面温度为 1300~1330 ℃的火焰热冲击条件下的热循环寿命对比图。由图 4-16 可以看出，ScYSZ 涂层的热循环寿命要高于 YSZ 涂层，其中具有垂直裂纹结构的 ScYSZ-V 涂层的热循环寿命约为 502 次，类柱

晶结构的 ScYSZ-C 涂层的热循环寿命达到 914 次，而类柱晶结构的 YSZ 涂层的寿命最高仅有 354 次，这主要是由 ScYSZ 涂层更好的四方相结构稳定性与 ScYSZ 材料较低的热导率所决定。

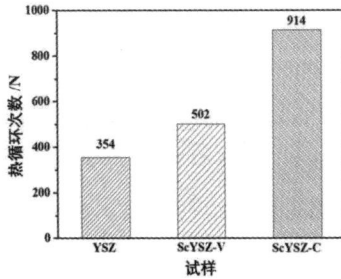

图4-16　不同涂层的高温热循环寿命

图 4-17 所示为 ScYSZ 涂层热循环失效前后的 XRD 图谱。由图 4-17 可以看出，垂直裂纹结构的 ScYSZ 涂层喷涂态和 502 次热循环失效后都是单一的 t' 相结构，高温热循环失效后并没有检测到 c 相或 m 相。与之相比，354 次失效后的 YSZ 涂层中虽然没有 m 相生成，但明显检测到了立方 c 相，而 c 相氧化锆的断裂韧性较 t 相的低，对热障涂层的长期服役不利。并且有研究指出[56]，t 相和 c 相氧化锆的热膨胀系数也不相同，如果热循环过程中有 t'-c 相的转变，也会引起涂层中的微应变和较大的残余应力，导致涂层力学性能下降。而 ScYSZ 涂层较好的物相结构稳定性可以保证其热物理、机械性能在热循环过程中不因相变而发生突变，有利于提高涂层结构的稳定性。因此具有较好的高温物相结构稳定性是获得高性能热障涂层的必要前提。

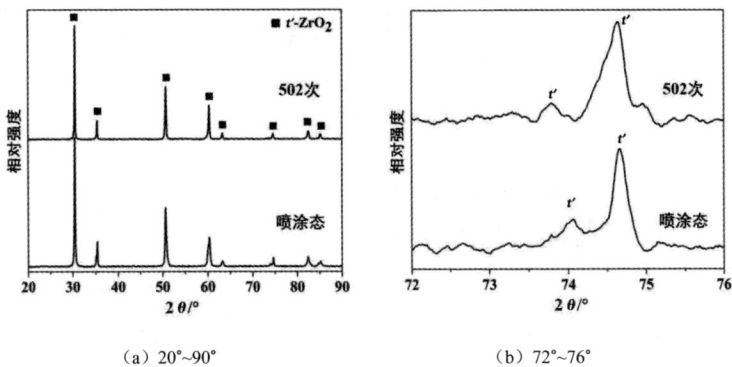

（a）20°~90°　　　　　　　　　（b）72°~76°

图4-17　ScYSZ-V涂层热循环失效前后的XRD

图 4-18 所示为 ScYSZ-V 涂层热循环过程中的表面宏观形貌及热循环失效后的 SEM 截面形貌图。图 4-18（a）显示，ScYSZ-V 涂层热循环 343 次涂层表面未观察到

明显的变化，394 次时出现约 1.5% 的凸起，热循环 491 次时中间部位出现少量的剥落，剥落面积约为 4.6%，502 次时剥落面积达到 8.8%。图 4-18（b）和（c）为涂层发生剥落位置的截面形貌，可以看出其失效部位主要发生在陶瓷层内部，并且可以看到横向裂纹在垂直裂纹尖端萌生，并在涂层内部扩展，其失效原因与 SSPS-YSZ 涂层中的 C1 涂层类似，即垂直裂纹尖端较大的法向拉应力所引起。但图 4-18（c）显示该位置的 TGOs 等效厚度达到了 6.6 μm±1.2 μm，说明其氧化情况也比较严重，这主要是因为热循环过程中（如第 394 次或 491 次时）已经有少量的陶瓷层剥落，加速了涂层在随后热循环过程的氧化。从其喷涂态结构可以看到，垂直裂纹几乎贯穿整个陶瓷层，这种贯穿性的垂直裂纹也能使黏结层发生严重氧化。图 4-18（d）和（e）为涂层未剥落区域的截面形貌，与其喷涂态结构相比，黏结层的氧化情况也很严重，TGOs 厚度约为 3.8 μm±0.5 μm，并且出现了一定的尖晶石相，其生长速率较快，会引起界面处应力的急剧增加，从而导致涂层失效。

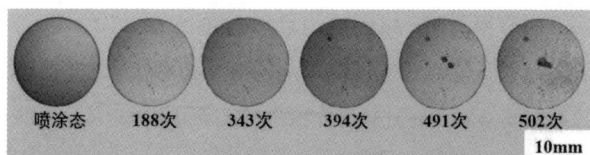

（a）热循环过程的表面形貌

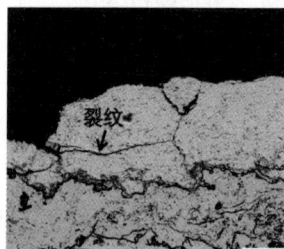

（b）剥落区域低倍

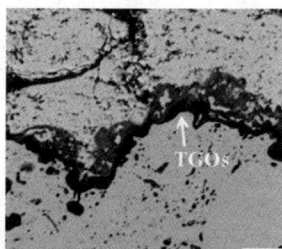

（c）剥落区域高倍

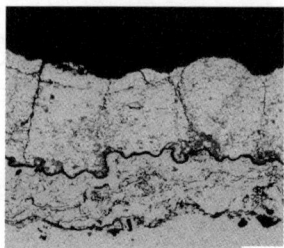

（d）未剥落区域低倍

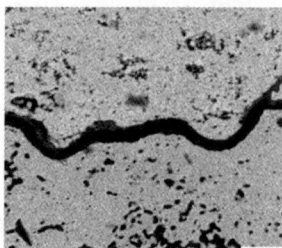

（e）未剥落区域高倍

图4-18　ScYSZ-V涂层热循环过程中的表面形貌及失效后的SEM截面形貌

4.7.3　类柱晶结构ScYSZ涂层的热循环结构演变

图 4-19 为 ScYSZ-C 涂层热循环过程中的 XRD 图谱。与 ScYSZ-V 涂层一样，该涂层热循环过程中没有发生相结构的变化，914 次热循环失效后仍保持其单一的 t' 相结构，显示出较好的物相结构稳定性。

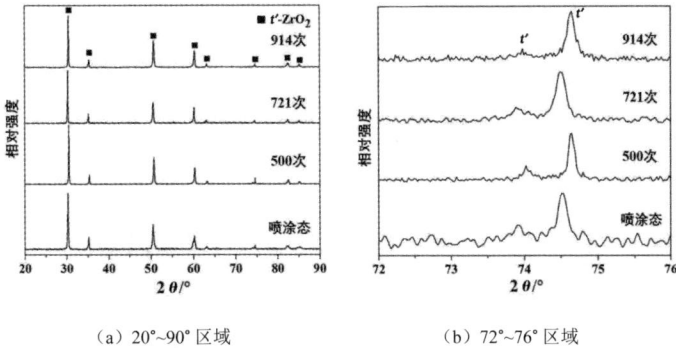

（a）20°~90° 区域　　　　　　（b）72°~76° 区域

图4-19　ScYSZ-C涂层热循环过程中的XRD谱图

图 4-20 为 ScYSZ-C 涂层热循环过程中的表面形貌及失效后的 SEM 截面形貌。热循环进行到 873 次时【图 4-20（a）】，涂层表面出现一定的裂纹，第 914 次时涂层发生剥落，剥落面积约为 8.2%。从如图 4-20（b）和（c）看出，涂层的失效也发生在 TGOs 附近的陶瓷层内部，并且由于该涂层热循环服役寿命相对较长，黏结层的氧化现象较为严重。

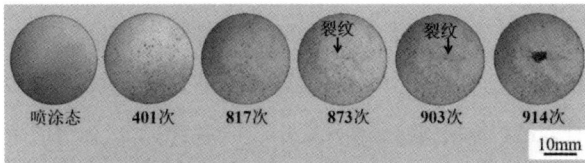

（a）热循环过程的表面形貌

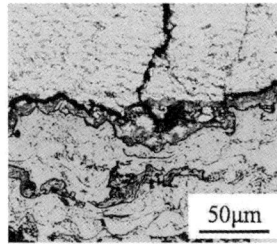

（b）低倍形貌　　　　　　　　（c）高倍形貌

图4-20　ScYSZ-C涂层热循环过程中的表面形貌及失效后的SEM截面形貌

图 4-21 所示为不同热循环次数下基体背面温度及涂层隔热温度曲线。热循环过程中涂层的隔热温度先升高后降低，平均隔热温度约为 136.8 ℃ ±8.0 ℃，比相同结构的 YSZ【图 4-11（d）】涂层的隔热温度提高约 15 ℃。因此，该涂层较长的热循环寿命主要归因于其较高的隔热温度和较好的物相结构稳定性。

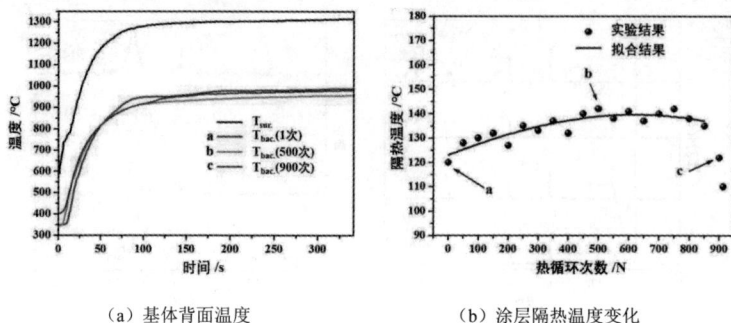

（a）基体背面温度　　　　　　　　　（b）涂层隔热温度变化

图4-21　不同循环次数的基体背面温度及涂层隔热温度

本章首先以 YSZ 材料为基础，对超音速悬浮液等离子喷涂（SSPS）热障涂层的喷涂参数与结构形貌间关系进行了研究，然后根据涂层沉积率与其微观形貌选取四种典型结构的 YSZ 涂层进行了结构优化，根据优化结果对 ScYSZ 涂层的高温性能进行了表征。SSPS 喷涂参数对涂层的沉积率有较大影响，在一定范围内提高固相浓度、喷涂功率或液相送粉率可以提高涂层的沉积率，而喷涂距离的增加则会降低涂层的沉积率。垂直裂纹或类柱晶结构的形成依赖于粒子在射流中的飞行轨迹，而且与熔滴大小及喷涂参数有较大关系，降低固相浓度和送粉率或提高喷涂距离和功率都可以提高垂直裂纹的密度，并且具有类柱晶结构的涂层较垂直裂纹结构的涂层中的垂直裂纹密度大，说明类柱晶结构涂层的应变容限更好。不同结构 YSZ 涂层的高温热循环及隔热性能测试结果表明，类柱晶结构涂层的热循环使用寿命最高，这主要取决于该结构相对较低的最大法向应力和较好的平均隔热性能（121.3 ℃ ±8.5 ℃），长时间服役下的高温烧结是导致其最终失效的主要原因。有限元模拟结果证明裂纹尖端的最大法向应力随着垂直裂纹间隙宽度的增加或垂直裂纹密度的升高而降低；但垂直裂纹间隙较宽时，黏结层的氧化速率加快造成 TGOs 生长应力会导致该类涂层过早失效。与薄片亚微米结构、纳米"双模式"结构及内含垂直裂纹结构的 ScYSZ 涂层相比，类柱晶结构涂层的弹性模量最低，约为 30.2 GPa±5.8 GPa，证明该涂层的应变容限最好。SSPS-ScYSZ 涂层的热循环寿命为相同结构的 YSZ 涂层的 2.5~3.5 倍，其中，类柱晶结构的 ScYSZ 涂层应变容限高，热循环次数达到了 914 次。涂层热循环寿命的增加与其较好的 t' 相结构稳定性、较高的应变容限及较好的隔热性能有关，与相同结构的 YSZ 涂层隔热温度相比，类柱晶结构的 ScYSZ 涂层的隔热温度提高了约 15 ℃。

第5章 ScYSZ耐熔融硅酸盐（CMAS）的腐蚀机理

5.1 CMAS腐蚀概述

当航空发动机在较高温度的恶劣环境下服役时，涡轮叶片表面不可避免地会沉积主要成分为 CaO -MgO -Al$_2$O$_3$ -SiO$_2$ （CMAS）的熔融硅酸盐 [211, 212]。CMAS 主要来自周围环境中的灰尘、沙尘、飞机跑道碎片、火山灰等。高温熔融 CMAS 容易通过涂层中的孔隙、裂纹等缺陷渗入涂层内部，导致涂层发生致密化，弹性模量增大，从而破坏涂层的完整性，并且 CMAS 的渗入速度和深度会随着温度的升高而增大。目前，国内外对于 YSZ 涂层在 CMAS 腐蚀条件下的稳定性已进行了大量研究 [76, 213]，而 ScYSZ 涂层耐 CMAS 腐蚀性的研究还未见报道。因此，我们首先对比研究了具有相似结构的 YSZ 和 ScYSZ 涂层在 1320℃的耐 CMAS 腐蚀性，然后对 ScYSZ 耐 CMAS 腐蚀的机理进行了深入分析。由于本部分的目的主要集中在 ScYSZ 和 YSZ 涂层的耐 CMAS 腐蚀性及其腐蚀机理的对比研究，因此所用涂层是通过超音速等离子喷涂（SAPS）方法制备的致密性相对较高的亚微米结构涂层。

5.2 CMAS粉末制备与测试

对于航空发动机热端部件所使用的热障涂层，其恶劣的服役环境使其不可避免地会遭受来自大气、火山灰或飞机跑道等的熔融硅酸盐（CaO-MgO-Al$_2$O$_3$-SiO$_2$，CMAS）的腐蚀，因此对其耐高温 CMAS 腐蚀性能及腐蚀机理的研究十分关键。本书中所用 CMAS 玻璃粉是由作者所在团队自制的，首先以无水乙醇为介质，利用刚玉研磨球将摩尔分数分别为 33% 的氧化钙、9% 的氧化镁、13% 的氧化铝及 45% 的二氧化硅粉末球磨 48h；随后将其放入 50℃的干燥箱中烘干，并在 1500 ℃的电阻炉中保温 4 h 后进行淬水处理；最后将玻璃态粉末研磨、过筛获得粒径 80 μm 左右的粉末，EDS 能谱测试的主要成分如表 5-1 所示。

表5-1　CMAS玻璃粉的主要组成成分

成分	CaO	MgO	AlO$_{1.5}$	SiO$_2$
含量/mol%	29.39	5.11	16.87	48.63

CMAS 腐蚀所用涂层为无基体涂层，首先用 SAPS 设备在喷砂后的铝基体表面直接喷涂厚度约为 1 mm 的陶瓷涂层，然后利用线切割沿着靠近基体 / 涂层界面处将涂层切割下来，并用 SiC 砂纸将剩余基体打磨掉，最后用无水乙醇进行超声清洗。利用氧乙炔火焰枪（QT-3/h）和圆环形挡板将自制的 CMAS 粉末喷涂在试样中心区域，CMAS 涂层的密度约为 35 g·cm^{-3}。将该涂层置入 1320 ℃的高温炉中分别热处理 4 h、24 h 和 72 h 后观察其物相成分及微观结构变化。为进一步研究其 CMAS 腐蚀机理，对陶瓷致密块体和较为致密的喷涂用粉末（图 3-1 和 3-2 所示）进行了不同时间的 CMAS 腐蚀。

5.3　CMAS腐蚀条件下涂层结构变化

5.3.1　CMAS腐蚀前后涂层物相结构变化

由第三章可知，YSZ 涂层和 ScYSZ 涂层的原始结构都为单一的 t' 相结构。CMAS 渗入 YSZ 涂层会引起其物相结构的变化，导致 t-m 相结构的转变，引起 YSZ 涂层体积膨胀，从而导致其失效。因此对 CMAS 与 ScYSZ 涂层作用后的物相结构表征尤为重要。图 5-1 所示为 YSZ 涂层及 ScYSZ 涂层分别与 CMAS 反应 4 h、24 h 及 72 h 的 XRD 图谱。由图 5-1（a）可以看出，CMAS 腐蚀条件下热处理 4 h 后，YSZ 基本保持 t' 相结构；热处理 24 h 后，能明显检测到 m 相的衍射峰，其含量约为 30.6 mol%；热处理 72 h 后，m 相的含量达到 74.3 mol%；而 YSZ 涂层在无 CMAS 腐蚀情况下热处理 72 h 后几乎没有检测到 m 相。ScYSZ 涂层在 CMAS 腐蚀条件下热处理 4 h 后同样保持单一的 t' 相结构；热处理 24 h 后出现了微弱的 m 相的衍射峰，其含量仅为 3.7 mol%；热处理 72 h 后 m 相含量为 18.1 mol%；无 CMAS 腐蚀时，ScYSZ 热处理 72 h 后同样保持着单一的 t' 相结构。以上结果说明 CMAS 导致了涂层

中 *m* 相的生成，但在高温 CMAS 腐蚀条件下 ScYSZ 涂层较 YSZ 涂层显示出更好的 *t'* 相结构稳定性。

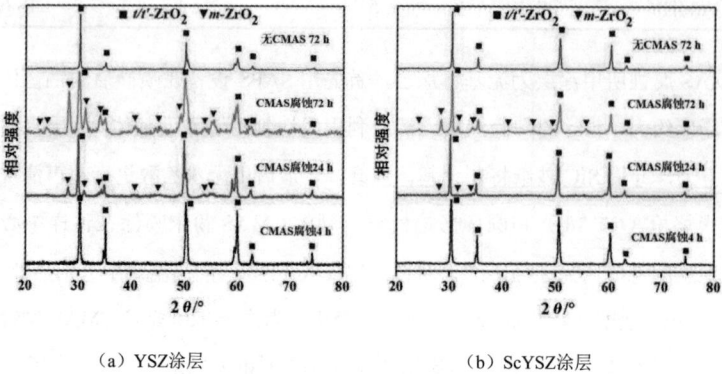

（a）YSZ涂层　　　　　　　　　　（b）ScYSZ涂层

图5-1　YSZ及ScYSZ涂层与CMAS反应不同时间的XRD

图 5-2 所示为 YSZ 和 ScYSZ 涂层在 CMAS 腐蚀 72 h 后的涂层截面形貌及不同位置的拉曼光谱。图 5-2（a）可以看到，YSZ 涂层完整性遭到严重破坏，有较多大尺寸的孔隙或裂纹生成；由图 5-2（b）可以看到，接近涂层表面位置 *m* 相的含量很高，随着与表面距离的增大，*m* 相的含量逐渐降低，但距表面 200 μm 处【图 5-2（a）的区域 E】仍能检测到少量 *m* 相存在。图 5-2（c）显示，ScYSZ 涂层接近表层位置有裂纹生成，其破坏程度较 YSZ 涂层小得多；图 5-2（d）的拉曼光谱显示，ScYSZ 表层附近有少量的 *m* 相生成，距表层 50 μm 位置【图 5-2（c）的位置 C】处 *m* 相的特征峰已十分微弱，进一步说明了 ScYSZ 涂层有着相对较好的抗 CMAS 腐蚀性能。

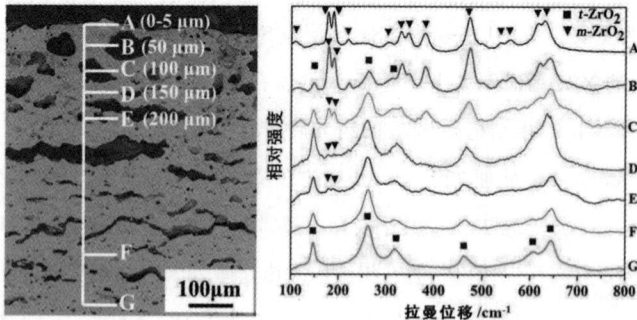

（a）YSZ涂层截面　　　　　　　（b）YSZ涂层截面拉曼光谱

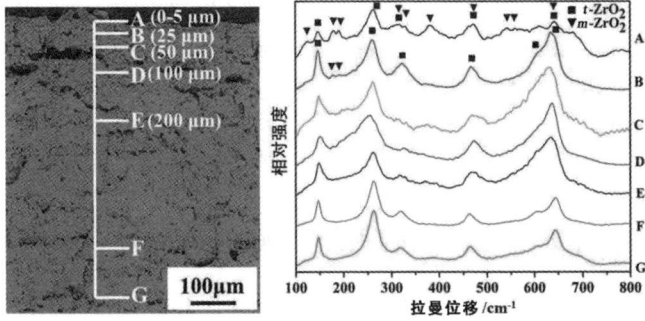

（c）ScYSZ涂层截面 　　　　（d）ScYSZ涂层截面拉曼光谱

图5-2　YSZ及ScYSZ涂层与CMAS反应72 h的截面形貌及拉曼光谱[214]

5.3.2　CMAS腐蚀前后涂层微观结构变化

由于热障涂层结构与熔融 CMAS 渗入与腐蚀有较大关系，因此首先对喷涂态的涂层微观结构进行了表征。图 5-3 所示为喷涂态的 YSZ 和 ScYSZ 涂层的截面及断面形貌。图 5-3（a）和（b）显示 YSZ 涂层结构属于典型的层片状结构，涂层中有较多的孔隙和微裂纹。其中，孔隙率约为 11.9%±0.8%；图 5-4（b）显示涂层中有较多的柱状晶和层间裂纹存在。图 5-3（c）和（d）显示，ScYSZ 涂层的结构与 YSZ 结构相似，其孔隙率约为 12.5%±0.6%，与 YSZ 涂层的孔隙率较为接近。

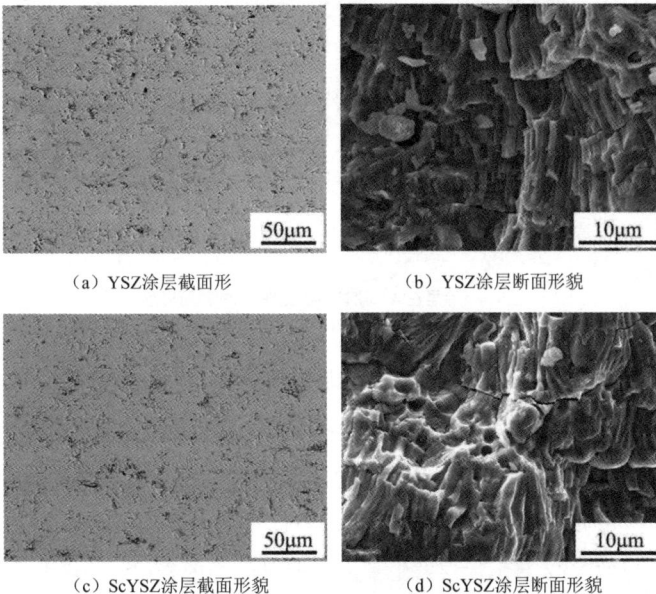

（a）YSZ涂层截面形 　　　　（b）YSZ涂层断面形貌

（c）ScYSZ涂层截面形貌 　　　　（d）ScYSZ涂层断面形貌

图5-3　YSZ和ScYSZ涂层的喷涂态形貌

图 5-4 为两种涂层在 CMAS 腐蚀条件下热处理 4 h 后的截面形貌。从图 5-4（a）可看出，YSZ 涂层中已经有较多的横向裂纹生成，并且其表层有厚度约 10 μm 的反应层生成【见图 5-4（b）的方框】，拉曼光谱检测结果证明表层有 m 相存在，但由于其含量很少，XRD 并未检测到 m 相【见图 5-1（a）】。对于 ScYSZ 涂层，热处理 4 h 后涂层结构完整性没有发生明显的变化【图 5-4（c）】，但 EDS 点扫发现 CMAS 已经渗入到涂层内部，拉曼光谱测试结果显示即使其表层的物相仍保持原始的四方相结构。

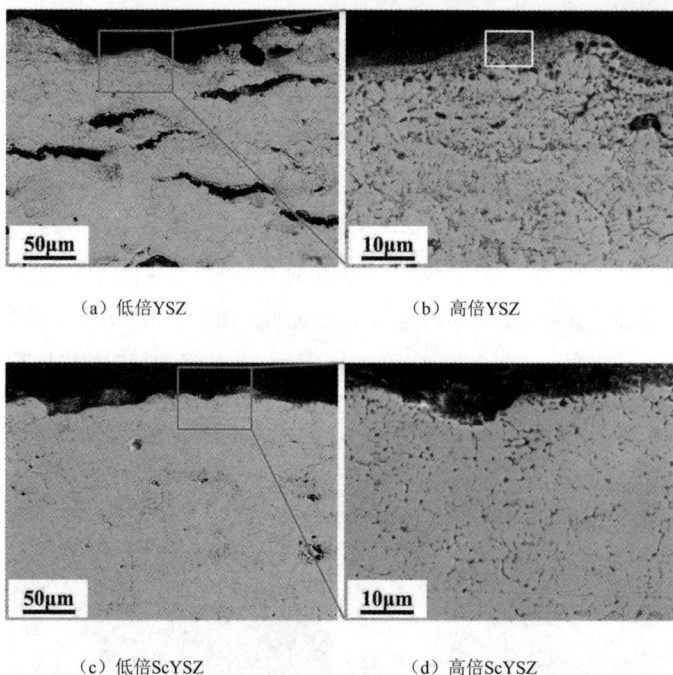

（a）低倍YSZ　　　　　　　　　　（b）高倍YSZ

（c）低倍ScYSZ　　　　　　　　　（d）高倍ScYSZ

图5-4　涂层在CMAS腐蚀下热处理4 h的截面形貌

图 5-5 所示为 YSZ 涂层和 ScYSZ 涂层在 CMAS 腐蚀条件下热处理 24 h 后的 SEM 截面形貌。由图 5-5（a）和（b）可以看出，YSZ 涂层上表面呈现出球形颗粒和细长晶粒组成的双模式结构，并且渗入涂层中的 CMAS 被细长的晶粒所包裹。根据表 5-2 所示 EDS 测试结果发现球形晶粒 Z1 的主要成分为 m 相 ZrO_2，说明 CMAS 渗入导致 YSZ 热障涂层发生了由 t' 相到 m 相的物相结构转变。将 YSZ 涂层上表面进行放大【见图 5-5（b）】可以看出晶粒 Z2 则为 t-ZrO_2。图 5-5（b）中

C1 区域为渗入涂层中的 CMAS 玻璃相，EDS 能谱结果（表 5-2）显示该区域中包含约 2.6 mol% 的 Y^{3+} 和 2.4 mol% 的 Zr^{4+}，其比例（接近 1∶1）与 YSZ 中原始比例（Y^{3+}∶Zr^{4+}=1∶12）相差较大。图 5-5（c）为 YSZ 涂层底部的截面形貌，该区域同样检测到了 CMAS 成分，说明经过 24 h 的热处理后熔融 CMAS 完全渗透整个 YSZ 涂层（厚度约 1 mm）。EDS 能谱显示较大的 Z3 晶粒的物相为立方 c 相结构。对于 ScYSZ 涂层，其表面【图 5-5（d）和（e）】同样呈现出与 YSZ 相似的双模式结构，并且 CMAS 也渗入到了涂层内部。根据 EDS 能谱分析结果发现，晶粒 Z4 为 $t\text{-}ZrO_2$ 结构，其成分与原始 ScYSZ 的成分十分接近。ScYSZ 涂层的上表层也有 m 相的 ZrO_2 析出（如晶粒 Z5），说明其同样发生了一定的相转变。C2 区域的成分中包含约 1.0 mol% 的 Sc^{3+} 和 5.0 mol% 的 Zr^{4+}，这一比例与原始 ScYSZ 涂层的比例（Sc^{3+}∶Zr^{4+}=1∶6.6）较为接近，并且通过与 YSZ 中的 C1 区域比较发现 Sc^{3+} 在 CMAS 玻璃相中的相对溶解度较 Y^{3+} 低很多。与 YSZ 涂层相似的是在 ScYSZ 涂层底部也出现了一定的粒径较大的球形颗粒【见图 5-5（f）】，这与涂层高温下发生一定的烧结有关，但晶粒 Z6 保持了原始的四方相结构。

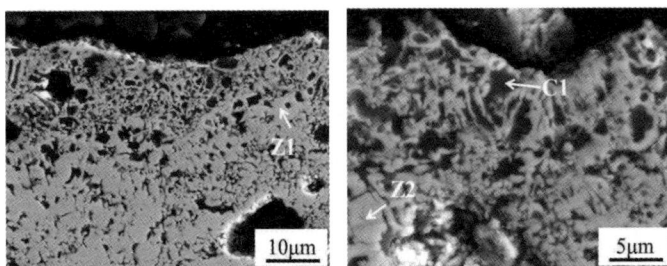

（a）低倍YSZ上表面　　　　　　　　　（b）高倍YSZ上表面

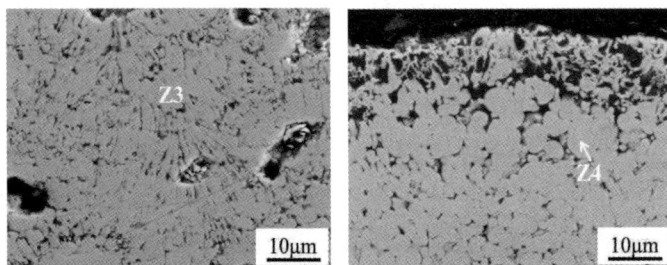

（c）YSZ涂层底部　　　　　　　　　　（d）低倍ScYSZ上表面

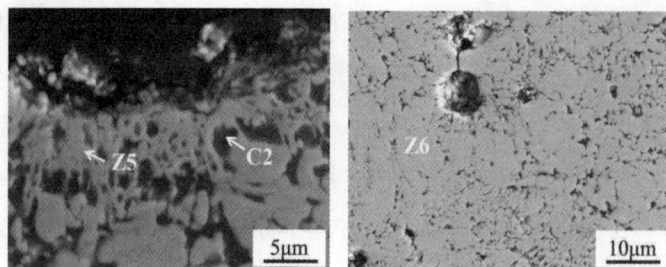

（e）高倍ScYSZ上表面　　　　　　（f）ScYSZ涂层底部

图5-5　涂层在CMAS腐蚀下热处理24 h的SEM截面形貌

表5-2　图5-5中所示不同区域的EDS化学成分表

区域	Zr/mol%	Y/mol%	Sc/mol%	Ca/mol%	Si/mol%	Al/mol%	Mg/mol%
Z1	96.8	2.8	-	0.2	0.2	-	-
Z2	92.2	5.7	-	2.1	-	-	-
Z3	89.9	8.8	-	1.3	-	-	-
Z4	86.9	-	12.5	0.6	-	-	-
Z5	95.6	-	3.2	1.2	-	-	-
Z6	87.0	-	11.8	1.2	-	-	-
C1	2.4	2.6	-	26.8	46.0	18.1	4.1
C2	5.0	0.3	1.0	34.7	45.3	9.9	3.8

图 5-6 所示为涂层在 CMAS 腐蚀下热处理 24 h 的 TEM 明场像及选区电子衍射。从图 5-6（a）可以看到，YSZ 涂层中的晶粒呈现不同的形态，并且能观察到 CMAS 玻璃相渗入到涂层内部。根据电子选区衍射和 EDS 能谱（见表 5-3）分析发现，晶粒 Z1 主要为 $m\text{-}ZrO_2$，晶粒 Z2 则为 $t\text{-}ZrO_2$，并且 A2 部位的非晶环说明 CMAS 玻璃相的存在。EDS 显示 C1 区域为 CMAS 相，并且有一定的 Y^{3+} 和 Zr^{4+} 溶解到 CMAS 中，其比例同样接近 1:1。与之相比，图 5-6（b）中 ScYSZ 涂层中的晶粒（Z3 和 Z4）主要为 $t\text{-}ZrO_2$，并且 CMAS 区域 C2 中的 Sc^{3+} 含量同样较少，进一步说明 Sc^{3+} 在 CMAS 中的溶解度较 Y^{3+} 低得多。稳定剂在 CMAS 中的溶解度越大，高温下越容易导致 m 相 ZrO_2 的生成，对涂层的高温结构稳定性极为不利，因此 ScYSZ 涂层相对较好的物相结构稳定性使其成为最具潜力的高温热障涂层材料。

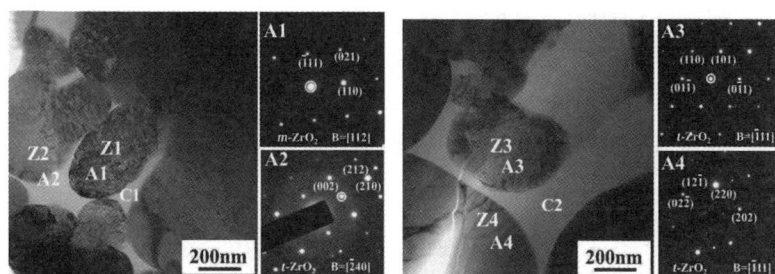

（a）YSZ涂层　　　　　　　　　（b）ScYSZ涂层

图5-6　涂层在CMAS腐蚀下热处理24 h的TEM形貌

表5-3　图5-6中所示不同区域的EDS化学成分表

区域	Zr/mol%	Y/mol%	Sc/mol%	Ca/mol%	Si/mol%	Al/mol%	Mg/mol%
Z1	97.8	2.2	-	-	-	-	-
Z2	92.5	7.5	-	-	-	-	-
Z3	87.5	-	12.5	-	-	-	-
Z4	88.3	-	11.7	-	-	-	-
C1	3.1	3.0	-	25.8	52.8	11.1	4.2
C2	3.5	-	0.9	27.0	47.3	17.8	3.5

图 5-7 所示为 YSZ 和 ScYSZ 涂层 CMAS 腐蚀 72 h 的 SEM 形貌。随着热处理时间的增加，YSZ 涂层遭受 CMAS 腐蚀破坏程度加重，并且 EDS 能谱（见表 5-4）及拉曼光谱【图 5-2（a）】检测发现涂层中 m 相的含量逐渐增多。ScYSZ 涂层遭受 CMAS 腐蚀破坏的程度同样加重【图 5-3（d）】，但与图 5-6 的结果类似，Sc^{3+} 在 CMAS 中的溶解度较 Y^{3+} 小得多。

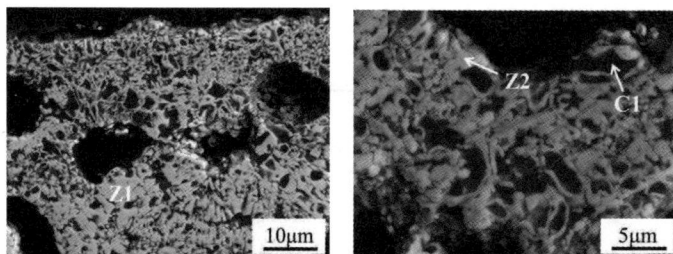

（a）低倍YSZ上表面　　　　　　　（b）高倍YSZ上表面

（c）YSZ涂层底部　　　　　　　　（d）低倍ScYSZ上表面

（e）高倍ScYSZ上表面　　　　　　　（f）ScYSZ涂层底部

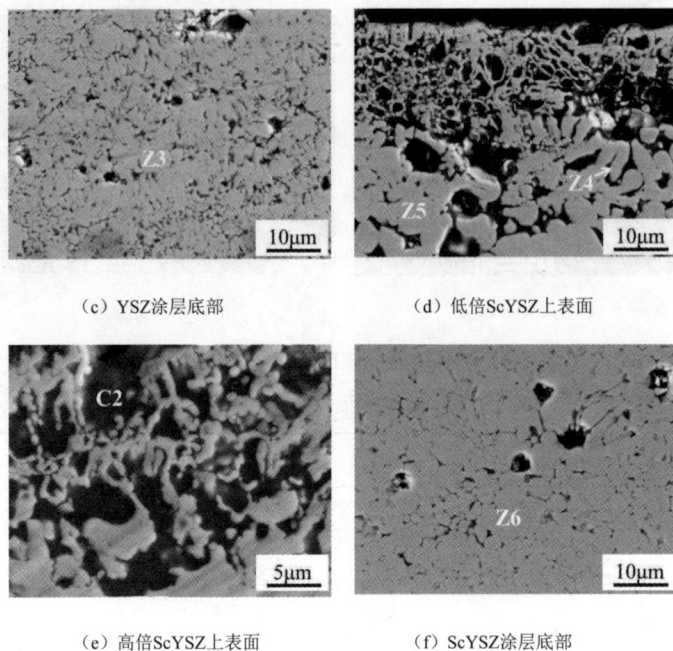

图5-7　涂层在CMAS腐蚀下热处理72 h的SEM截面形貌

表5-4　图5-7中所示不同区域的EDS化学成分表

区域	Zr/mol%	Y/mol%	Sc/mol%	Ca/mol%	Si/mol%	Al/mol%	Mg/mol%
Z1	97.2	2.5	-	0.3	-	-	-
Z2	97.0	1.5	-	1.0	0.5	-	-
Z3	92.8	7.2	-	-	-	-	-
Z4	84.5	-	10.6	2.9	2.0	-	-
Z5	85.9	-	11.6	2.5	-	-	-
Z6	88.7	-	11.3	-	-	-	-
C1	10.2	5.0	-	24.3	46.4	9.0	5.1
C2	6.2	0.2	2.6	19.1	59.2	10.5	2.2

5.4　ScYSZ块体的CMAS腐蚀性能

对 YSZ 和 ScYSZ 涂层在 1320 ℃热处理不同时间的 CMAS 腐蚀研究表明，ScYSZ 在 CMAS 腐蚀条件下的微观结构和四方相结构更为稳定，即使热处理 72 h 后，

其 m 相含量仅为 18.1 mol%，远低于 YSZ 涂层的 74.3 mol%，由于 $t\text{-}m$ 相变是导致热障涂层失效的主要原因之一，因此提高 CMAS 腐蚀条件下的涂层四方相稳定性是高性能热障涂层的前提。但是高温条件下熔融的 CMAS 极易渗透多孔结构的涂层，为了进一步探索二者不同的腐蚀机理，利用致密性较高的陶瓷块体对其耐 CMAS 腐蚀情况进行了深入探索。

5.4.1　陶瓷致密块体的原始结构形貌

YSZ 和 ScYSZ 陶瓷块体的制备方法已在第 2 章做了详细介绍，为了获得致密性相对更高的块体，其烧结时间增加到 12 h。图 5-8 所示为采用无压烧结法制备的 YSZ 和 ScYSZ 块体在 1400 ℃热蚀 2 h 之后的 SEM 表面形貌。图 5-8（a）显示 YSZ 块体的晶粒尺寸在 1.0~4.5 μm 之间，并且其致密性较高，利用排水法测试的其相对密度约为 98.4%。图 5-8（b）为 ScYSZ 块体的形貌，其晶粒大小在 1.0~4.0 μm，相对密度约为 97.8%，两者的结构形貌相似。

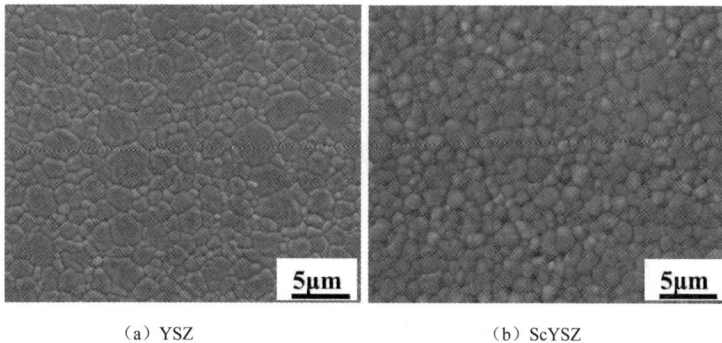

（a）YSZ　　　　　　　　　　（b）ScYSZ

图5-8　YSZ和ScYSZ块体热蚀之后的表面SEM形貌

5.4.2　陶瓷致密块体的CMAS腐蚀特征

图 5-9 所示为 YSZ 块体在 1320 ℃条件下 CMAS 腐蚀 4 h 后的 SEM 截面形貌及其面扫描谱图。图 5-9（a）可以看出，YSZ 块体表面有 CMAS 渗入，渗入层厚度约为 250 μm，元素 Ca 和 Si 的面扫描图证实，CMAS 几乎没有进一步渗入到块体内部。图 5-9（e）为块体表面区域 A【图 5-9（a）】的高倍形貌，该区域 CMAS 渗入量较多，并且有细长的 ZrO_2 晶粒析出。图 5-9（f）为区域 B【图 5-9（a）】的放大图，CMAS 渗入量较区域 A 小很多。

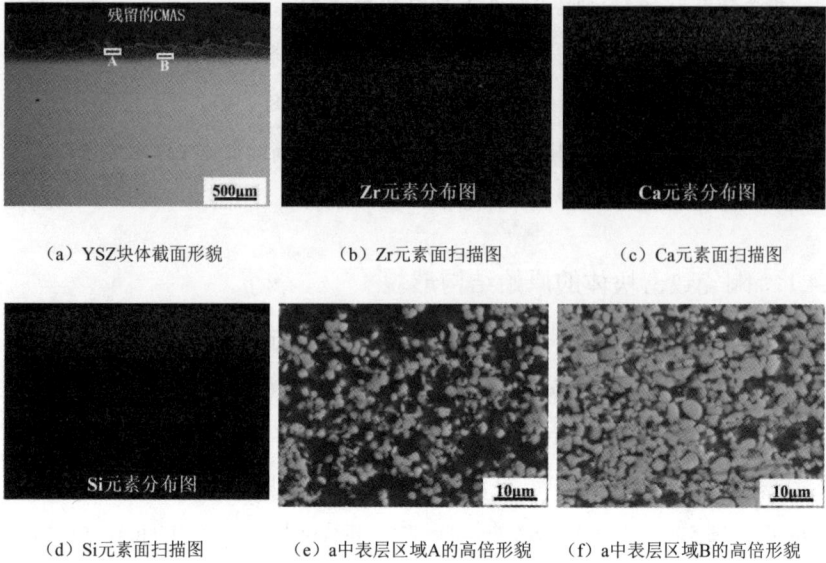

（a）YSZ块体截面形貌　　　　　（b）Zr元素面扫描图　　　　　（c）Ca元素面扫描图

（d）Si元素面扫描图　　（e）a中表层区域A的高倍形貌　　（f）a中表层区域B的高倍形貌

图5-9　YSZ块体CMAS腐蚀4 h后的SEM截面形貌及其面扫描谱图

图 5-10 为 ScYSZ 块体在 1320 ℃条件下 CMAS 腐蚀 4 h 后的 SEM 截面形貌及其面扫描谱图。图 5-10（a）和 5-10（e）可以看到，极少量的 CMAS 渗入到块体表面，渗入层厚度约为 20 μm。图 5-10（b）、（c）和（d）的元素面扫描能谱显示几乎没有 CMAS 浸入到 ScYSZ 块体内部。图 5-10（e）为图 5-10（a）方框区域的高倍形貌，可以看出少量的 ScYSZ 晶粒在 CMAS 中发生溶解－析出，但拉曼光谱检测发现只在最上层区域有少量 m 相【图 5-10（f）】；而 YSZ 由于 Y^{3+} 在 CMAS 中的溶解度更大，其渗入层的厚度也相对更大【图 5-9（a）】。

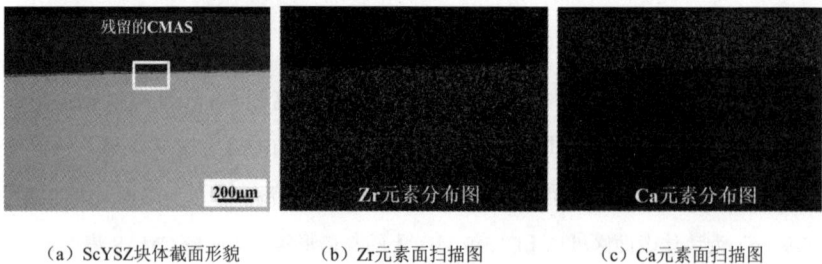

（a）ScYSZ块体截面形貌　　　（b）Zr元素面扫描图　　　（c）Ca元素面扫描图

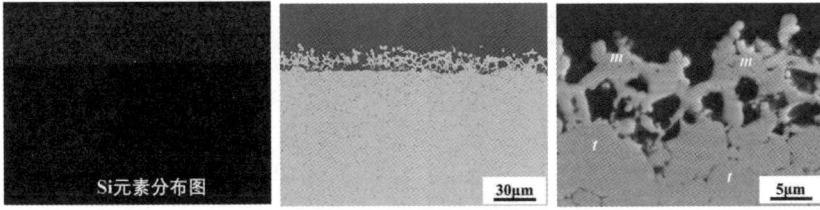

（d）Si元素面扫描图　　　（e）a中方框区域高倍形貌　　　（f）e表面区域高倍形貌

图5-10　ScYSZ块体CMAS腐蚀4 h后的SEM截面形貌及其面扫描谱图

图 5-11 为 YSZ 块体在 1320 ℃条件下 CMAS 腐蚀 24 h 后的 SEM 截面形貌及其面扫描谱图。由图 5-11（a）可见，腐蚀 24 h 后，YSZ 块体表层几乎没有 CMAS 残留，并且块体上层区域出现了较多的孔隙或开裂情况，说明 CMAS 全部渗入到了块体内部，破坏了致密 YSZ 的完整性。图 5-11（b）、（c）和（d）的元素面扫面谱进一步证实大量的 CMAS 渗入到了 YSZ 内部。图 5-11（e）的高倍形貌显示，YSZ 块体中间或底部区域有相对较小的孔隙生成，这也与 CMAS 渗入有关。对图 5-11（e）指定区域放大并进行了拉曼光谱检测（激光束光斑大小约 $1\mu m^2$），发现接近表层 2 区域【图 5-11（g）】中有较多 m 相 ZrO_2 生成，说明随着热处理时间的延长，Y^{3+} 的溶解－析出过程是持续进行的，从而导致其较大程度的渗入和涂层破坏。图 5-11（h）可见离块体表层较远的 3 区域则以 t 相 ZrO_2 为主。

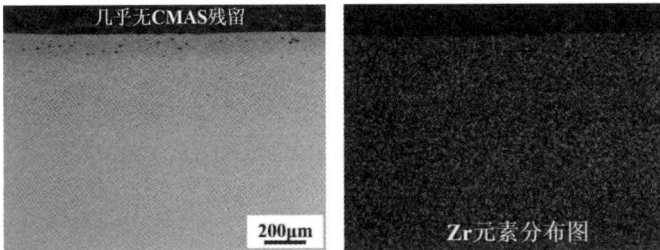

（a）YSZ块体截面形貌　　　　　　　（b）Zr元素面扫描图

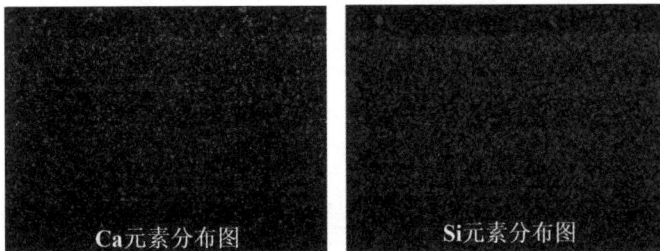

（c）Ca元素面扫描图　　　　　　　（d）Si元素面扫描图

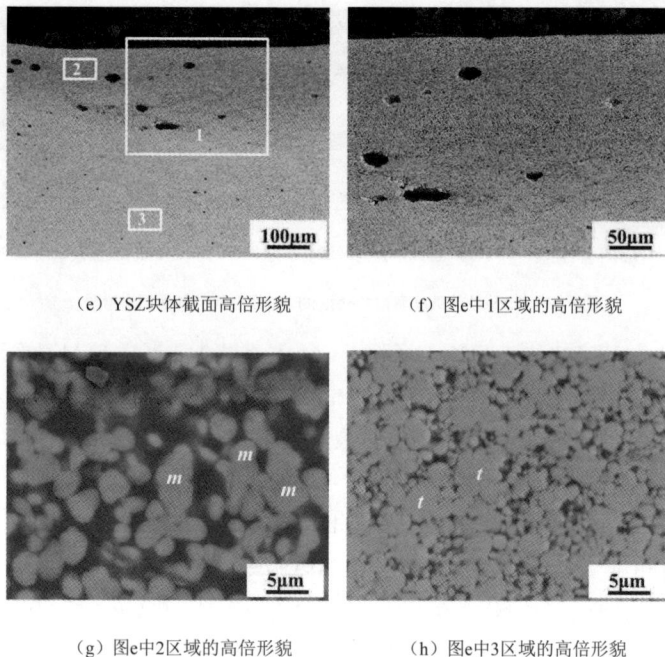

（e）YSZ块体截面高倍形貌　　　　　　　（f）图e中1区域的高倍形貌

（g）图e中2区域的高倍形貌　　　　　　　（h）图e中3区域的高倍形貌

图5-11　YSZ块体在CMAS腐蚀24 h后的SEM截面形貌及其面扫描谱图

图 5-12 为 ScYSZ 块体在 1320 ℃条件下 CMAS 腐蚀 24 h 后的 SEM 截面形貌及其面扫描谱图。随着热处理时间的增加，致密的 ScYSZ 表现出与 YSZ 完全不同的腐蚀现象。由图 5-12（a）可见，腐蚀 24 h 后，ScYSZ 块体表面仍残留大量的 CMAS，并且发生了 ZrO_2 晶粒朝 CMAS 表面扩散的现象，而陶瓷样品没有发生明显的破坏现象。由 EDS 元素面扫描谱图【图 5-12（b）、（c）和（d）】可看出几乎没有 CMAS 渗入到 ScYSZ 块体内部。通过拉曼光谱检测发现图 5-14（e）的 1 区域【图 5-12（f）】主要为析出的 m 相晶粒，而区域 2【图 5-12（g）】和区域 3【图 5-12（h）】则主要为 t 相 ZrO_2。晶粒朝着 CMAS 表面方向移动的现象则主要是因二者较大的化学势差，高温下阳离子扩散溶解到 CMAS 中，由于 Sc^{3+} 和 Zr^{4+} 的溶解度较低，所以会很快析出；并且由于 CMAS 无法渗入 ScYSZ 块体，化学势差的存在会使之前析出的晶粒朝着 CMAS 表面 Sc^{3+} 和 Zr^{4+} 未饱和的区域再次扩散，因此观察到了 ScYSZ 晶粒向 CMAS 上表面移动的现象。

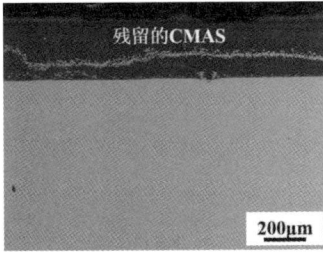

（a）ScYSZ块体截面形貌　　　　　　　（b）Zr元素面扫描图

（c）Ca元素面扫描图　　　　　　　　　（d）Si元素面扫描图

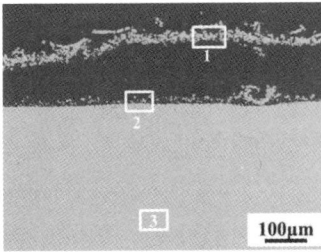

（e）ScYSZ块体高倍形貌　　　　　　　（f）图e中1区域的高倍形貌

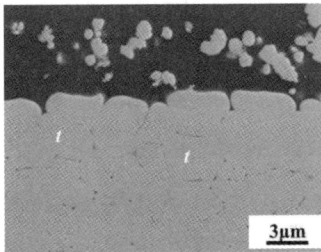

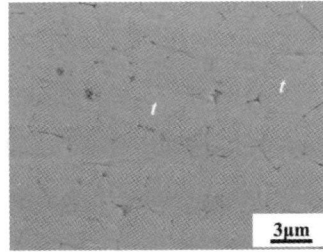

（g）图e中2区域的高倍形貌　　　　　　（h）图e中3区域的高倍形貌

图5-12　ScYSZ块体在CMAS腐蚀24 h后的SEM截面形貌及其面扫描谱图

5.5　ScYSZ的CMAS腐蚀机理分析

从以上测试结果可以看到，熔融 CMAS 在 1320 ℃很容易渗透缺陷（孔隙和裂纹）较多的热障涂层。熔融 CMAS 渗入深度为 L 的多孔涂层所需时间可用式（5-1）来估计[213]：

$$t \approx \left[\frac{k_t}{8D_c} \left(\frac{1-\omega}{\omega} \right)^2 L^2 \right] \frac{\eta}{\sigma_{LV}} \tag{5-1}$$

式中：k_t——曲率系数，一般为1-10；D_c——毛细管的直径/μm，约1μm；ω——涂层开孔率/%；η——熔融CMAS玻璃体的黏度/N·s^{-1}·m^{-2}；σ_{LV}——表面张力/J·m^{-2}。

由式（5-1）可以看出，CMAS 渗入多孔涂层的时间与其黏度相关，熔融 CMAS 玻璃体的黏度与其服役温度有较大关系，当环境温度在 1200 ℃时，其黏度约为 22 Pa·s^{-1}[215]，当温度达到 1300 ℃时，其黏度骤降至约 4 Pa·s^{-1}[76]，因此 1320℃时 CMAS 会经孔隙或裂纹快速渗入到涂层内部。CMAS 对 YSZ 的腐蚀主要与阳离子在 CMAS 中的溶解－析出有关。高温下 Y^{3+} 和 Zr^{4+} 首先经扩散溶解到 CMAS 中，由于 Zr^{4+}（0.084 nm）[154] 的离子半径较小，与离子半径较大的 Ca^{2+} 亲和性较小，很容易达到 Zr^{4+} 在 CMAS 中的溶解度极限[216]，而半径大的 Y^{3+}（0.1019 nm）在 CMAS 中的溶解度相对较大，因此会逐渐析出贫 Y^{3+} 的 m 相 ZrO$_2$，m 相的生成导致涂层中裂纹的扩展，会加速 CMAS 的熔渗，从而导致 YSZ 涂层发生较为严重的破坏[213, 217]。对于 YSZ 涂层的中间部位或底部，由于 CMAS 相对表面的含量较少，可溶解阳离子的 CMAS 含量有限，因此 m 相不易在这些位置析出。类似的情况可以通过 YSZ 粉末与 CMAS 的反应进一步说明。图 5-13 为喷涂用 YSZ 粉末在 CMAS 熔体（见图 5-13 灰色基体）中高温（1320 ℃）热处理 4 h 后的截面形貌。图 5-13（a）可以看出，根据 YSZ 粉末在 CMAS 中的位置不同表现出不同的腐蚀情况。图 5-13（b）显示 YSZ 粉末聚集的中间部位仍保持其较为致密的结构，而粉末底部区域【见图 5-13（c）和（d）】的腐蚀破坏程度则较为严重。这是因为中间部位 CMAS 的相对含量较低，阳离子容易达到其在 CMAS 中的溶解度极限，这正是 YSZ 涂层中间或底部位置（见图 5-2）m 相含量较少的原因[216]；而对于 YSZ 粉末底部区域，其 CMAS 相对含量较高，因此会发生较快的溶解－析出现象，这也是 YSZ 涂层表面腐蚀较为严重的原因。

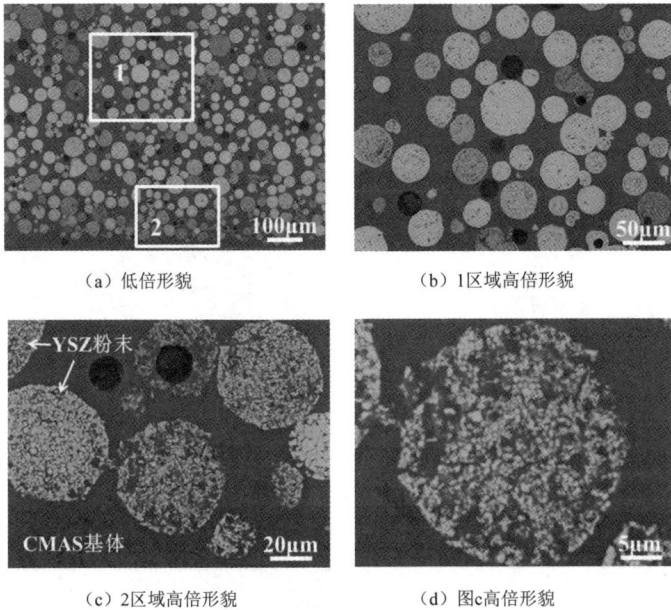

（a）低倍形貌　　　　　　　　（b）1区域高倍形貌

（c）2区域高倍形貌　　　　　　（d）图c高倍形貌

图5-13　YSZ粉末在CMAS熔体中热处理4 h的形貌

ScYSZ 涂层的 CMAS 腐蚀机理与 YSZ 涂层相似。但由于 Sc^{3+}（0.087 nm）半径与 Zr^{4+}（0.084 n^m）[154] 接近，并且 Sc^{3+} 在 CMAS 中的溶解度较小 [218] 以及 Sc2O3-ZrO$_2$ 相图中的四方相区域较宽 [144]，析出的物相中会有大量的四方相 ZrO_2 存在，只有在涂层表面含有大量 CMAS 的地方会析出少量的 m 相。此外，由于 Sc^{3+} 的溶解度较小，很容易达到其溶解度极限，也会相对减缓其溶解－析出过程，因此 ScYSZ 会在 CMAS 腐蚀下显示出较好的物相结构稳定性。这可利用图 5-14 中 ScYSZ 粉末在 CMAS 熔体中热处理后的形貌来说明。与图 5-13 相比，ScYSZ 粉末较多的中间部位几乎没有发生破坏【见图 5-14（b）】。即使在 CMAS 含量较多的底部位置，ScYSZ 粉末的腐蚀也没有 YSZ 严重，只是单个粉体边缘或 CMAS 含量多的一侧发生了溶解析出的情况，进一步说明 Sc^{3+} 较小的溶解度提高了 ScYSZ 的耐 CMAS 腐蚀性能。

对于 YSZ 块体，由于 Y^{3+} 在 CMAS 中相对较大的溶解度，YSZ 晶粒的溶解－析出过程和 CMAS 沿晶界的渗入同时进行，但由于沿晶界渗入速度相对较慢 [219]，因此 CMAS 在块体顶部含量较多，底部含量较少，从而在渗入区与未渗入区形成较大的膨胀梯度（如图 5-15 所示），与未渗入区域相比，顶部区域有较大的膨胀趋势，但底部未渗入区的约束作用为顶部膨胀区提供了有效的压缩应变 [218]，并随着顶部膨胀层厚度的增加而变大，当热处理时间增加，膨胀层厚度足够大时，该层累积的压缩应变就会导致"水泡"裂纹的产生。更重要的是，这种裂纹是在高温下形成的，因此又会促进熔融 CMAS 的进一步渗入，表明即使提高 YSZ 的致密性也不能有效抑制 CMAS 渗入。

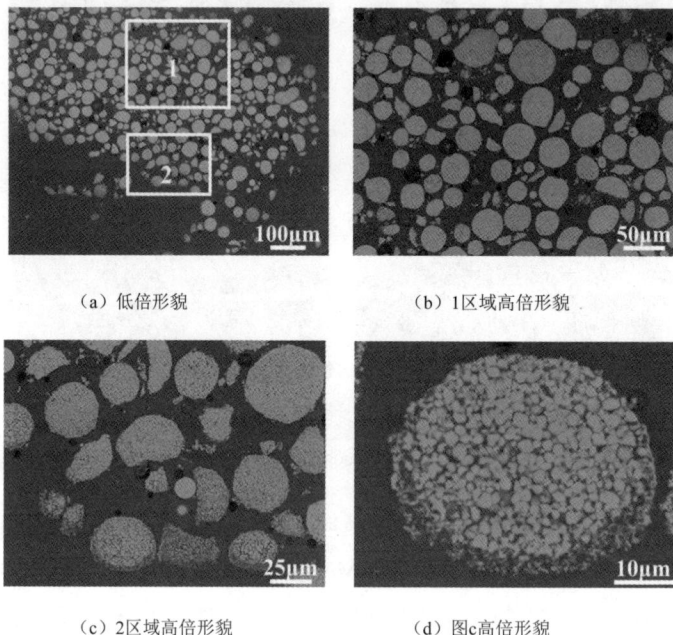

（a）低倍形貌　　　　　　　　　　　　（b）1区域高倍形貌

（c）2区域高倍形貌　　　　　　　　　　（d）图c高倍形貌

图5-14　ScYSZ粉末在CMAS熔体中热处理4 h的形貌

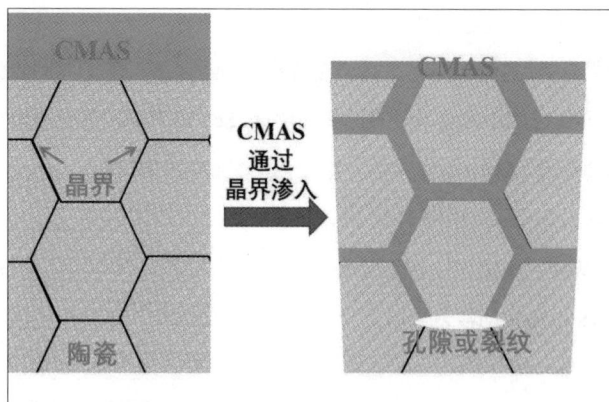

图5-15　CMAS沿晶界渗入陶瓷块的机理图

　　耐熔融 CMAS 腐蚀性是决定航空发动机涡轮叶片表面热障涂层寿命的关键因素之一。对亚微米 YSZ 和 ScYSZ 涂层在 1320 ℃的耐 CMAS 腐蚀进行了对比研究，然后对其腐蚀机理作了深入分析。CMAS 腐蚀条件下热处理 4 h 后，YSZ 基本保持 t' 相结构；热处理 24 h 后，表层 m 相的含量约为 30.6 mol%；随着热处理时间增加到 72 h，m 相的含量达到 74.3 mol%；但该涂层在无 CMAS 腐蚀情况下热处理 72 h 后几乎没有检测到 m 相。ScYSZ 涂层在 CMAS 腐蚀条件下热处理 4h 后同样保持原始的 t' 相结构；热处理 24 h 后出现了微弱的 m 相的衍射峰，其含量仅为 3.7 mol%；热处理 72 h 后 m 相含量为 18.1 mol%；无 CMAS 腐蚀的 ScYSZ 热处理 72 h 同样为单一的 t' 相结构。以上结果说明 CMAS 渗入导致了涂层中 m 相的生成，但 ScYSZ 涂层较 YSZ 涂层有着更好的 t' 相结构稳定性。Y^{3+} 在 CMAS 中相对较大的溶解度决定了其容易析出贫 Y^{3+} 的 t-ZrO_2 晶粒，并在冷却过程中转变为 m 相，随着热处理时间的增加，m 相的含量逐渐增多。半径较小的 Sc^{3+} 在 CMAS 中的溶解度较 Y^{3+} 小得多，容易达到其溶解度极限，因此析出的物相以 t 相为主，只有热处理时间足够长或 CMAS 含量足够多的情况下才能逐渐析出少量的 m 相。由于 YSZ 易与 CMAS 反应，因此 YSZ 涂层遭受 CMAS 破坏的程度更为严重，而 ScYSZ 涂层则显示出相对较好的微观结构稳定性。提高 ScYSZ 材料致密性可以有效抑制 CMAS 的渗入，但对传统的 YSZ 陶瓷而言，即使其致密性足够高仍不能抑制 CMAS 的渗入，这为抗高温 CMAS 腐蚀涂层的设计提供了新的思路。

第6章　结语和展望

　　以二元稀土氧化物 Sc_2O_3 和 Y_2O_3 共稳四方相 ZrO_2 材料为基础，首先，通过理论计算与实验测试相结合的方法探讨了稀土掺杂对氧化锆本体材料高温物相结构、热膨胀系数、热导率、断裂韧性及弹性模量等性能的影响规律；其次，通过构建基于氧空位浓度变化和阳离子质量差异的声子散射新模型，准确预测了 ScYSZ 材料体系的热导率；然后，对薄片亚微米及纳米"双模式"结构的 ScYSZ 涂层在高温热循环过程中的结构演变和失效模式进行详细剖析；在此基础上，基于超音速悬浮液等离子喷涂（SSPS）系统制备了高应变容限、类柱晶结构的热障涂层，并对其抗高温热冲击性能进行评价；最后针对航空发动机热障涂层服役过程中不可避免的熔融硅酸盐（CMAS）腐蚀性能及其腐蚀机理进行了探索。研究表明，传统 YSZ 块体在 1500 ℃ 热处理 100 h 已经出现约 5.4 mol% 的 m 相，热处理 200 h 后 m 相的含量达到了 41.5 mol%，热处理 336 h 后原始的 t' 相全部转变为 m 相和 c 相，而 ScYSZ（7.0 mol% Sc_2O_3-0.5 mol% Y_2O_3）块体在 1500 ℃ 热处理 500 h 仍保持单一的 t' 相，说明掺杂 Sc^{3+} 后极大地提高了传统 YSZ 材料高温四方相结构稳定性。构建了基于氧空位浓度变化和阳离子质量差异的声子散射新模型，准确预测了 Sc_2O_3-Y_2O_3-ZrO_2 系列材料热导率，发现该体系的室温热导率在（2.05~2.32）$W·m^{-1}·K^{-1}$ 之间，较 YSZ 下降约 20%~28%，并且随着氧空位或掺杂离子含量的增加，热导率逐渐降低。试样 5.5Sc-2.0Y 在 700 ℃ 的热导率较 5.5Sc-0.5Y 降低约 0.12 $W·m^{-1}·K^{-1}$，且氧空位含量相同的试样 7.0Sc-0.5Y 在 700 ℃ 的热导率较 5.5Sc-2.0Y 降低约 0.04 $W·m^{-1}·K^{-1}$，说明氧空位浓度变化对热导率的影响较阳离子质量差的作用更加显著，而和 Y^{3+} 相比，与 Zr^{4+} 质量差更大的 Sc^{3+} 对降低 ScYSZ 材料热导率更为有效。Sc_2O_3-Y_2O_3-ZrO_2 体系的热膨胀系数随 Sc^{3+} 含量增加呈现先升高后降低的趋势，其中 6.5Sc-1.0Y 及 7.0Sc-0.5Y 的热膨胀系数较高，其平均值在（10.7~10.9）$\times 10^{-6}$ K^{-1} 之间，与 YSZ（10.9×10^{-6} K^{-1}）相当。Sc_2O_3-Y_2O_3-ZrO_2 致密块体的断裂韧性在 3.5~4.5 $MPa·m^{1/2}$

之间，略低于传统 YSZ 的断裂韧性（5.0 MPa·m$^{1/2}$）；其弹性模量在 170~200 GPa 之间，低于致密 YSZ 块体的弹性模量（约 220 GPa）。超音速等离子喷涂（SAPS）制备的亚微米层片结构 ScYSZ 涂层在 1300~1330 ℃的火焰热冲击寿命约为 286 次。热冲击条件下亚微米涂层容易发生烧结致密化，形成贯穿性的纵向裂纹，并与热膨胀失配应力产生的横向裂纹联接导致该涂层过早失效。纳米"双模式"结构涂层中纳米未熔颗粒的存在能在一定程度上释放应力，提高抗烧结性能，该结构的涂层热循环寿命较亚微米涂层长，其中纳米未熔颗粒均匀分布的涂层寿命为 376 次，涂层平均隔热温度约 125.2 ℃ ± 8.8 ℃；对涂层中的纳米未熔颗粒在厚度方向进行层级梯度优化后涂层寿命达到了 641 次，涂层平均隔热温度提高到 132.6 ℃ ± 10.2 ℃。纳米"双模式"结构涂层在火焰热冲击应力下容易发生表面点状剥落，从而造成应力集中，引起其周围涂层的开裂；对其进行结构优化后，点状剥落现象有所缓解，同时抗氧化性能及热冲击寿命有所提高。但随着服役时间的增加，热应力累积容易引起层状组织结构涂层发生层间开裂现象，从而导致涂层失效。SSPS 喷涂参数对涂层的沉积率有较大影响，在一定范围内提高固相浓度、喷涂功率或液相送粉率可以提高涂层的沉积率，而喷涂距离的增加则会降低涂层的沉积率。垂直裂纹或类柱晶结构的形成依赖于粒子在射流中的飞行轨迹，而且与熔滴尺寸和喷涂参数有较大关系，降低固相浓度或送粉率以及提高喷涂距离或功率都可以提高涂层的垂直裂纹密度。有限元模拟结果证明裂纹尖端的最大法向应力随着垂直裂纹间隙宽度的增加或垂直裂纹密度的升高而降低；而垂直裂纹间隙较宽时，因氧传输速度加快导致 TGOs 的快速生长而引起涂层剥落失效。与薄片亚微米结构、纳米"双模式"结构及内含垂直裂纹结构的 ScYSZ 涂层相比，类柱晶结构涂层的弹性模量最低，约为 30.2 GPa± 5.8 GPa，说明其有着较高应变容限。此外，该涂层的平均隔热温度达到了 136.8 ℃ ± 8.0 ℃，较相同结构的 YSZ 涂层提高了约 15 ℃。类柱晶结构 ScYSZ 涂层的热循环寿命为 914 次，这与其较高的应变容限与隔热温度有关。在 1320 ℃的 CMAS 腐蚀条件下热处理 24 h 后，m 相的含量约为 30.6 mol%；随着热处理时间增加到 72 h，m 相的含量达到 74.3 mol%；ScYSZ涂层在 CMAS 腐蚀条件下热处理 24 h 后出现了微弱的 m 相的衍射峰，其含量仅为3.7 mol%，热处理 72 h 后 m 相含量为 18.1 mol%，说明 CMAS 渗入导致了涂层中m 相的生成，但 ScYSZ 涂层较 YSZ 涂层有着更好耐 CMAS 腐蚀性。由于 YSZ 易与CMAS 反应，因此 YSZ 涂层遭受 CMAS 破坏的程度更为严重，而 ScYSZ 涂层则显示出相对较好的微观结构稳定性。提高 ScYSZ 材料致密性可以有效抑制 CMAS 的渗入，但对传统的 YSZ 陶瓷而言，即使其致密性足够高仍不能抑制 CMAS 的渗入，这为抗 CMAS 腐蚀热障涂层的设计提供了新的思路。

所谓"一代材料，一代发动机"，传统的 YSZ 陶瓷在 1200 ℃以下有着较好的使用性能，但随着发动机推重比和热效率的不断提高，能在 1200 ℃以上长效服役的新型热障涂层材料的开发势在必行。ScYSZ 材料显示出了比 YSZ 更好的高温综合性能，但其热膨胀系数、热导率及断裂韧性等性能仍有较大的提升空间。根据本书探讨的二元稀土氧化物掺杂对氧化锆基材料性能的影响规律，可以在以下几个方面进一步深入研究。

（1）一方面离子半径较小的 Sc^{3+} 掺杂是体系具有稳定四方相的主要原因，但体系的晶格畸变小，意味着声子散射作用较弱，即热导率还有继续降低的潜力，因此可以结合修正的点缺陷声子散射模型继续调控其热导率。

（2）原子间距离是决定热膨胀系数大小的关键因素，因此通过继续调控稳定剂 Sc^{3+} 和 Y^{3+} 的比例来提高其热膨胀系数是可行的，但是为了保持高温四方相的稳定性，半径较大的阳离子（如 Y^{3+}）不能掺杂过多，否则容易引起晶界偏析及相转变。此外，可以通过掺杂一定量不同尺寸的四价阳离子（如 Ti^{4+} 或 Sn^{4+}）来取代 Zr^{4+}，以期在不影响物相稳定性的前提下来改变原子间距离，并且掺杂后阳离子质量差增大，可进一步降低体系热导率，但这同样是一个非常复杂的过程，需要通过大量的实验来验证。

（3）由于四方相氧化锆的断裂韧性与其四方度有关，而四方度同样与晶格常数或原子间距离有一定关系，因此离子掺杂同样可以用来调控四方度或断裂韧性。可见，无论是材料的热物理性能还是力学性能都可以通过改变稳定剂的成分配比来改善。

参考文献

[1] Perepezko J H. The hotter the engine, the better. Science, 2009, 326: 1068-1069.

[2] Padture N P, Gell M, Jordan E. Thermal barrier coatings for gas-turbine engine applications. Science, 2002, 296: 280-284.

[3] 郭洪波, 宫声凯, 徐惠彬. 先进航空发动机热障涂层技术研究进展. 中国材料进展, 2009, 28 (9-10): 18-26.

[4] Fan W, Bai Y. Review of suspension and solution precursor plasma sprayed thermal barrier coatings. Ceramics International, 2016, 42 (13): 14299-14312.

[5] Zhao X, Wang X, Xiao P. Sintering and failure behaviour of EB-PVD thermal barrier coating after isothermal treatment. Surface and Coatings Technology, 2006, 200 (20-21): 5946-5955.

[6] Bai Y, Han Z H, Li H Q, et al. Structure–property differences between supersonic and conventional atmospheric plasma sprayed zirconia thermal barrier coatings. Surface and Coatings Technology, 2011, 205 (13-14): 3833-3839.

[7] Cao X Q, Vassen R, Stoever D. Ceramic materials for thermal barrier coatings. Journal of the European Ceramic Society, 2004, 24 (1): 1-10.

[8] Padture N P. Advanced structural ceramics in aerospace propulsion. Nature Materials, 2016, 15 (8): 804-809.

[9] Clarke D R, Oechsner M, Padture N P. Thermal-barrier coatings for more efficient gas-turbine engines. MRS Bulletin, 2012, 37 (10): 891-898.

[10] Cai J, Lv P, Guan Q F, et al. Thermal cycling behavior of thermal barrier coatings with MCrAlY bond coat irradiated by high-current pulsed electron beam. ACS Applied Materials & Interfaces, 2016, 8 (47): 32541-32556.

[11] Chen W R, Wu X, Marple B R, et al. The growth and influence of thermally grown oxide in a thermal barrier coating. Surface and Coatings Technology, 2006, 201 (3-4): 1074-1079.

[12] Dong H, Yang G J, Li C X, et al. Effect of TGOs thickness on thermal cyclic lifetime and failure mode of plasma-sprayed TBCs. Journal of the American Ceramic Society, 2014, 97 (4): 1226-1232.

[13] Wang Y, Bai Y, Liu K, et al. Microstructural evolution of plasma sprayed submicron-/nano-zirconia-based thermal barrier coatings. Applied Surface Science, 2016, 363: 101-112.

[14] Zhang X C, Xu B S, Tu S T, et al. Effect of spraying power on the microstructure and mechanical properties of supersonic plasma-sprayed Ni-based alloy coatings. Applied Surface Science, 2008, 254 (20): 6318-6326.

[15] Bai Y, Zhao L, Wang Y, et al. Fragmentation of in-flight particles and its influence on the microstructure and mechanical property of YSZ coating deposited by supersonic atmospheric plasma spraying. Journal of Alloys and Compounds, 2015, 632: 794-799.

[16] Bai Y, Zhao L, Qu Y M, et al. Particle in-flight behavior and its influence on the microstructure and properties of supersonic-atmospheric-plasma-sprayed nanostructured thermal barrier coatings. Journal of Alloys and Compounds, 2015, 644: 873-882.

[17] Zhang X C, Xu B S, Wu Y X, et al. Porosity, mechanical properties, residual stresses of supersonic plasma-sprayed Ni-based alloy

coatings prepared at different powder feed rates. Applied Surface Science, 2008, 254 (13): 3879-3889.

[18] Wang Y, Bai Y, Wu K, et al. Flattening and solidification behavior of in-flight droplets in plasma spraying and micro/macro-bonding mechanisms. Journal of Alloys and Compounds, 2019, 784: 834-846.

[19] Goral M, Kotowski S, Nowotnik A, et al. PS-PVD deposition of thermal barrier coatings. Surface and Coatings Technology, 2013, 237: 51-55.

[20] Kulkarni A, Goland A, Herman H, et al. Advanced neutron and X-ray techniques for insights into the microstructure of EB-PVD thermal barrier coatings. Materials Science and Engineering: A, 2006, 426 (1-2): 43-52.

[21] Munawar A U, Schulz U, Shahid M. Microstructure and lifetime of EB-PVD TBCs with Hf-doped bond coat and Gd-zirconate ceramic top coat on CMSX-4 substrates. Surface and Coatings Technology, 2016, 299: 104-112.

[22] Sohn Y H, Kim J H, Jordan E, et al. Thermal cycling of EB-PVD/MCrAlY thermal barrier coatings: I. Microstructural development and spallation mechanisms. Surface and Coatings Technology, 2001, 146-147: 70-78.

[23] Sohn Y H, Vaidyanathan K, Ronski M, et al. Thermal cycling of EB-PVD/MCrAlY thermal barrier coatings: II. Evolution of photo-stimulated luminescence. Surface and Coatings Technology, 2001, 146-147: 102-109.

[24] Zhu D M, Miller R A, Nagaraj B A, et al. Thermal conductivity of EB-PVD thermal barrier coatings evaluated by a steady-state laser heat flux technique. Surface and Coatings Technology, 2001, 138: 1-8.

[25] Rezanka S, Mauer G, Vaßen R. Improved Thermal Cycling Durability of Thermal Barrier Coatings Manufactured by PS-PVD. Journal of Thermal Spray Technology, 2013, 23 (1-2): 182-189.

[26] Gao L H, Guo H B, Wei L L, et al. Microstructure, thermal conductivity and thermal cycling behavior of thermal barrier coatings prepared by plasma spray physical vapor deposition. Surface and Coatings Technology, 2015, 276: 424-430.

[27] Chen D Y, Gell M, Jordan E H, et al. Thermal stability of air plasma spray and solution precursor plasma spray thermal barrier coatings. Journal of the American Ceramic Society, 2007, 90 (10): 3160-3166.

[28] Chen D Y, Jordan E H, Gell M. Effect of solution concentration on splat formation and coating microstructure using the solution precursor plasma spray process. Surface and Coatings Technology, 2008, 202 (10): 2132-2138.

[29] Fauchais P, Rat V, Coudert J F, et al. Operating parameters for suspension and solution plasma-spray coatings. Surface and Coatings Technology, 2008, 202 (18): 4309-4317.

[30] Fauchais P, Etchart-Salas R, Rat V, et al. Parameters Controlling Liquid Plasma Spraying: Solutions, Sols, or Suspensions. Journal of Thermal Spray Technology, 2008, 17 (1): 31-59.

[31] VanEvery K, Krane M J M, Trice R W. Parametric study of suspension plasma spray processing parameters on coating microstructures manufactured from nanoscale yttria-stabilized zirconia. Surface and Coatings Technology, 2012, 206 (8-9): 2464-2473.

[32] Killinger A, Gadow R, Mauer G, et al. Review of New Developments in Suspension and Solution Precursor Thermal Spray Processes. Journal of Thermal Spray Technology, 2011, 20 (4): 677-695.

[33] Sokolowski P, Pawlowski L, Dietrich D, et al. Advanced Microscopic Study of Suspension Plasma-Sprayed Zirconia Coatings with Different Microstructures. Journal of Thermal Spray Technology, 2015, 25 (1-2): 94-104.

[34] Gell M, Xie L, Ma X, et al. Highly durable thermal barrier coatings made by the solution precursor plasma spray process. Surface and Coatings Technology, 2004, 177-178: 97-102.

[35] Zou Z H, Donoghue J, Curry N, et al. A comparative study on the performance of suspension plasma sprayed thermal barrier coatings with different bond coat systems. Surface and Coatings Technology, 2015, 275: 276-282.

[36] Zhao Y X, Wang L, Yang J S, et al. Thermal aging behavior of axial suspension plasma-sprayed yttria-stabilized zirconia (YSZ) thermal barrier coatings. Journal of Thermal Spray Technology, 2014, 24 (3): 338-347.

[37] Zhao Y X, Li D C, Zhong X H, et al. Thermal shock behaviors of YSZ thick thermal barrier coatings fabricated by suspension and atmospheric plasma spraying. Surface and Coatings Technology, 2014, 249: 48-55.

[38] Pawlowski L. Suspension and solution thermal spray coatings. Surface and Coatings Technology, 2009, 203 (19): 2807-2829.

[39] Wang W Z, Coyle T, Zhao D. Preparation of Lanthanum Zirconate Coatings by the Solution Precursor Plasma Spray. Journal of Thermal Spray Technology, 2014, 23 (5): 827-832.

[40] Govindarajan S, Dusane R O, Joshi S V, et al. Understanding the Formation of Vertical Cracks in Solution Precursor Plasma Sprayed Yttria-Stabilized Zirconia Coatings. Journal of the American Ceramic Society, 2014, 97 (11): 3396-3406.

[41] Xie L D, Chen D Y, Jordan E H, et al. Formation of vertical cracks in solution-precursor plasma-sprayed thermal barrier coatings. Surface and Coatings Technology, 2006, 201 (3-4): 1058-1064.

[42] Xie L D, Ma X Q, Jordan E H, et al. Identification of coating deposition mechanisms in the solution-precursor plasma-spray process using model spray experiments. Materials Science and Engineering: A, 2003, 362 (1-2): 204-212.

[43] Padture N P, Schlichting K W, Bhatia T, et al. Towards durable thermal barrier coatings with novel microstructures deposited bu solution-precursor plasma spray. Acta Materialia, 2001, 49: 2251-2257.

[44] Evans A G, Mumm D R, Hutchinson J W, et al. Mechanisms controlling the durability of thermal barrier coatings. Progress in Materials Science, 2001, 46: 505-553.

[45] Tang J J, Bai Y, Zhang J C, et al. Microstructural design and oxidation resistance of CoNiCrAlY alloy coatings in thermal barrier coating system. Journal of Alloys and Compounds, 2016, 688: 729-741.

[46] Li B, Fan X L, Zhou K, et al. Effect of oxide growth on the stress development in double-ceramic-layer thermal barrier coatings. Ceramics International, 2017, 43 (17): 14763-14774.

[47] Zhang L, Fan W, Wang Y, et al. Oxidation resistance of plasma-sprayed double-layered LC/YSZ coatings with different thickness ratios at high temperatures. Oxidation of Metals, 2020, 94 (5-6): 397-408.

[48] Yu Q M, Zhou H L, Wang L B. Influences of interface morphology and thermally grown oxide thickness on residual stress distribution in thermal barrier coating system. Ceramics International, 2016, 42 (7): 8338-8350.

[49] Chen Z, Huang H, Zhao K, et al. Influence of inhomogeneous thermally grown oxide thickness on residual stress distribution in thermal barrier coating system. Ceramics International, 2018, 44 (14): 16937-16946.

[50] Ranjbar-Far M, Absi J, Mariaux G, et al. Simulation of the effect of material properties and interface roughness on the stress distribution in thermal barrier coatings using finite element method. Materials & Design, 2010, 31 (2): 772-781.

[51] Bäker M. Finite element simulation of interface cracks in thermal barrier coatings. Computational Materials Science, 2012, 64: 79-83.

[52] Wei Z-Y, Cai H-N, Li C-J. Comprehensive dynamic failure mechanism of thermal barrier coatings based on a novel crack propagation and TGOs growth coupling model. Ceramics International, 2018, 44 (18): 22556-22566.

[53] Karlsson A M, Levi C G, Evans A G. A model study of displacement instabilities during cyclic oxidation. Acta Materialia, 2002, 50: 1263–1273.

[54] Wei Z-Y, Cai H-N. Comprehensive effects of TGOs growth on the stress characteristic and delamination mechanism in lamellar structured thermal barrier coatings. Ceramics International, 2020, 46 (2): 2220-2237.

[55] Tolpygo V K, Clarke D R, Murphy K S. Oxidation-induced failure of EB-PVD thermal barrier coating. Surface and Coatings Technology, 2001, 146-147: 124-131.

[56] Ren X R, Pan W. Mechanical properties of high-temperature-degraded yttria-stabilized zirconia. Acta Materialia, 2014, 69: 397-406.

[57] Xu Y X, Liu T, Yang G J, et al. Thermal stability of plasma-sprayed La$_2$Ce$_2$O$_7$/YSZ composite coating. Ceramics International, 2016, 42 (7): 7950-7961.

[58] Li G R, Yang G J, Li C X, et al. Strain-induced multiscale structural changes in lamellar thermal barrier coatings. Ceramics International, 2017, 43 (2): 2252-2266.

[59] Li G R, Lei J, Yang G J, et al. Substrate-constrained effect on the stiffening behavior of lamellar thermal barrier coatings. Journal of the European Ceramic Society, 2018, 38 (6): 2579-2587.

[60] Bäker M, Rösler J, Heinze G. A parametric study of the stress state of thermal barrier coatings Part II: cooling stresses. Acta Materialia, 2005, 53 (2): 469-476.

[61] Cheng B, Zhang Y M, Yang N, et al. Sintering-induced delamination of thermal barrier coatings by gradient thermal cyclic test. Journal of the American Ceramic Society, 2017, 100 (5): 1820-1830.

[62] Cipitria A, Golosnoy I O, Clyne T W. A sintering model for plasma-sprayed zirconia TBCs. Part I: Free-standing coatings. Acta Materialia, 2009, 57 (4): 980-992.

[63] Cipitria A, Golosnoy I O, Clyne T W. A sintering model for plasma-sprayed zirconia thermal barrier coatings. Part II: Coatings bonded to a rigid substrate. Acta Materialia, 2009, 57 (4): 993-1003.

[64] Li G R, Yang G J, Li C X, et al. A comprehensive mechanism for the sintering of plasma-sprayed nanostructured thermal barrier coatings. Ceramics International, 2017, 43 (13): 9600-9615.

[65] 刘智恩. 材料科学基础. 西安: 西北工业大学出版社, 2003.

[66] Erk K A, Deschaseaux C, Trice R W. Grain-Boundary Grooving of Plasma-Sprayed Yttria-Stabilized Zirconia Thermal Barrier Coatings. Journal of the American Ceramic Society, 2006, 89 (5): 1673-1678.

[67] Yu Q H, Zhou C G, Zhang H Y, et al. Thermal stability of nanostructured 13wt% Al_2O_3–8wt% Y_2O_3–ZrO_2 thermal barrier coatings. Journal of the European Ceramic Society, 2010, 30 (4): 889-897.

[68] Zhang Y L, Guo L, Yang Y P, et al. Influence of Gd_2O_3 and Yb_2O_3 co-doping on phase stability, thermo-physical properties and sintering of 8YSZ. Chinese Journal of Aeronautics, 2012, 25 (6): 948-953.

[69] Liu H F, Li S L, Li Q L, et al. Investigation on the phase stability, sintering and thermal conductivity of Sc_2O_3–Y_2O_3–ZrO_2 for thermal barrier coating application. Materials & Design, 2010, 31 (6): 2972-2977.

[70] Lima R S, Marple B R. Nanostructured YSZ thermal barrier coatings engineered to counteract sintering effects. Materials Science and Engineering: A, 2008, 485 (1-2): 182-193.

[71] Guignard A, Mauer G, Vaßen R, et al. Deposition and Characteristics of Submicrometer-Structured Thermal Barrier Coatings by Suspension Plasma Spraying. Journal of Thermal Spray Technology, 2012, 21 (3-4): 416-424.

[72] Chen X. Calcium–magnesium–alumina–silicate (CMAS) delamination mechanisms in EB-PVD thermal barrier coatings. Surface and Coatings Technology, 2006, 200 (11): 3418-3427.

[73] Levi C G, Hutchinson J W, Vidal-Sétif M H, et al. Environmental degradation of thermal-barrier coatings by molten deposits. MRS Bulletin, 2012, 37 (10): 932-941.

[74] Zhu D M, Durability and CMAS resistance of advanced environmental barrier coatings systems for SiC/SiC ceramic matrix composites, NASA Technical Reports Server (NTRS), OH, United States, 2015.

[75] Garces H F, Senturk B S, Padture N P. In situ Raman spectroscopy studies of high-temperature degradation of thermal barrier coatings by molten silicate deposits. Scripta Materialia, 2014, 76: 29-32.

[76] Krause A R, Garces H F, Dwivedi G, et al. Calcia-magnesia-alumino-silicate (CMAS)-induced degradation and failure of air plasma sprayed yttria-stabilized zirconia thermal barrier coatings. Acta Materialia, 2016, 105: 355-366.

[77] Li W S, Zhao H Y, zhong X H, et al. Air plasma-sprayed yttria and yttria- stabilized zirconia thermal barrier coatings subjected to calcium-magnesium-alumino-silicate (CMAS). Journal of Thermal Spray Technology, 2014, 23 (6): 975-983.

[78] Kramer S, Yang J, Levi C G. Infiltration-inhibiting reaction of gadolinium zirconate thermal barrier coatings with CMAS melts. Journal of the American Ceramic Society, 2008, 91 (2): 576-583.

[79] Krause A R, Senturk B S, Garces H F, et al. $2ZrO_2 \cdot Y_2O_3$ Thermal Barrier Coatings Resistant to Degradation by Molten CMAS: Part I, Optical Basicity Considerations and Processing. Journal of the American Ceramic Society, 2014, 97 (12): 3943-3949.

[80] Krause A R, Garces H F, Senturk B S, et al. $2ZrO_2 \cdot Y_2O_3$ Thermal Barrier Coatings Resistant to Degradation by Molten CMAS: Part II, Interactions with Sand and Fly Ash. Journal of the American Ceramic Society, 2014, 97 (12): 3950-3957.

[81] Kang Y X, Bai Y, Fan W, et al. Thermal cycling performance of $La_2Ce_2O_7$/50 vol.% YSZ composite thermal barrier coating with CMAS corrosion. Journal of the European Ceramic Society, 2018, 38 (7): 2851-2862.

[82] Zhou X, He L M, Cao X Q, et al. $La_2(Zr_{0.7}Ce_{0.3})_2O_7$ thermal barrier coatings prepared by electron beam-physical vapor deposition that are resistant to high temperature attack by molten silicate. Corrosion Science, 2017, 115: 143-151.

[83] Gao L H, Guo H B, Gong S K, et al. Plasma-sprayed $La_2Ce_2O_7$ thermal barrier coatings against calcium–magnesium–alumina–silicate penetration. Journal of the European Ceramic Society, 2014, 34 (10): 2553-2561.

[84] Li G, Cai C, Wang Y, et al. Zirconium silicate growth induced by the thermochemical interaction of yttria-stablized zirconia coatings with molten CMAS deposits. Corrosion Science, 2019, 149: 249-256.

[85] Perrudin F, Vidal-Sétif M H, Rio C, et al. Influence of rare earth oxides on kinetics and reaction mechanisms in CMAS silicate melts. Journal of the European Ceramic Society, 2019, 39 (14): 4223-4232.

[86] Townsend P H, Barnett D M, Brunner T A. Elastic relationships in layered composite media with approximation for the case of thin films on a thick substrate. Journal of Applied Physics, 1987, 62 (11): 4438-4444.

[87] 苗文辉, 王璐, 郭洪波, 等. CMAS环境下电子束物理气相沉积热障涂层的热循环行为及失效机制. 复合材料学报, 2012, 29 (5): 76-82.

[88] Kang Y X, Bai Y, Yuan T, et al. Thermal cycling lives of plasma sprayed YSZ based thermal barrier coatings in a burner rig corrosion test. Surface and Coatings Technology, 2017, 324: 307-317.

[89] Kang Y X, Bai Y, Bao C G, et al. Defects/CMAS corrosion resistance relationship in plasma sprayed YPSZ coating. Journal of Alloys and Compounds, 2017, 694: 1320-1330.

[90] 孙晓峰, 金涛, 周亦胄, 等. 镍基单晶高温合金研究进展. 中国材料进展, 2012, 31 (12): 1-11.

[91] Reed R C, The superalloys: fundamentals and applications, Cambridge University Press, Cambridge, 2006.

[92] 田贺, 牟仁德, 何利民, 等. 黏结层成分对单晶合金热障涂层寿命影响研究. 失效分析与预防, 2012, 7 (4): 228-234.

[93] Shi L, Xin L, Wang X Y, et al. Influences of MCrAlY coatings on oxidation resistance of single crystal superalloy DD98M and their inter-diffusion behaviors. Journal of Alloys and Compounds, 2015, 649: 515-530.

[94] 曹学强, 热障涂层新材料和新结构. 北京: 科学出版社, 2016.

[95] Zhao M, Pan W, Wan C L, et al. Defect engineering in development of low thermal conductivity materials: A review. Journal of the European Ceramic Society, 2017, 37 (1): 1-13.

[96] Vassen R, Cao X Q, Tietz F, et al. Zirconates as new materials for thermal barrier coatings. Journal of the American Ceramic Society, 2000, 83: 2023-2028.

[97] Vaßen R, Jarligo M O, Steinke T, et al. Overview on advanced thermal barrier coatings. Surface and Coatings Technology, 2010, 205 (4): 938-942.

[98] Cao X Q, Vassen R, Fischer W, et al. Lanthanum–cerium oxide as a thermal barrier‐coating material for high‐temperature applications. Advanced Materials, 2003, 15: 1438-1442.

[99] Cao X Q, Li J Y, Zhong X H, et al. $La_2(Zr_{0.7}Ce_{0.3})_2O_7$—A new oxide ceramic material with high sintering-resistance. Materials Letters, 2008, 62 (17-18): 2667-2669.

[100] Zhao S M, Zhao Y, Zou B L, et al. Characterization and thermal cycling behavior of $La_2(Zr_{0.7}Ce_{0.3})_2O_7/8YSZ$ functionally graded thermal barrier coating prepared by atmospheric plasma spraying. Journal of Alloys and Compounds, 2014, 592: 109-114.

[101] Xu Z H, He L M, Zhong X H, et al. Thermal barrier coating of lanthanum–zirconium–cerium composite oxide made by electron beam-physical vapor deposition. Journal of Alloys and Compounds, 2009, 478 (1-2): 168-172.

[102] Ma W, Li X Y, Yin Y C, et al. The mechanical and thermophysical properties of $La_2(Zr_{1-x}Ce_x)_2O_7$ ceramics. Journal of Alloys and Compounds, 2016, 660: 85-92.

[103] Wan C L, Pan W, Xu Q, et al. Effect of point defects on the thermal transport properties of $(La_xGd_{1-x})_2Zr_2O_7$: Experiment and theoretical model. Physical Review B, 2006, 74 (14): 144101-144109.

[104] Wan C L, Zhang W, Wang Y F, et al. Glass-like thermal conductivity in ytterbium-doped lanthanum zirconate pyrochlore. Acta Materialia, 2010, 58 (18): 6166-6172.

[105] Guo L, Zhang Y, Wang C M, et al. Phase structure evolution and thermal expansion variation of Sc_2O_3 doped $Nd_2Zr_2O_7$ ceramics. Materials & Design, 2015, 82: 114-118.

[106] Pitek F M, Levi C G. Opportunities for TBCs in the $ZrO_2-YO_{1.5}-TaO_{2.5}$ system. Surface and Coatings Technology, 2007, 201 (12): 6044-6050.

[107] Limarga A M, Shian S, Leckie R M, et al. Thermal conductivity of single- and multi-phase compositions in the $ZrO_2-Y_2O_3-Ta_2O_5$ system. Journal of the European Ceramic Society, 2014, 34 (12): 3085-3094.

[108] Feng J, Shian S, Xiao B, et al. First-principles calculations of the high-temperature phase transformation in yttrium tantalate. Physical Review B, 2014, 90 (9): 094102.

[109] Chen X L, Zhao Y, Fan X Z, et al. Thermal cycling failure of new LaMgAl$_{11}$O$_{19}$/YSZ double ceramic top coat thermal barrier coating systems. Surface and Coatings Technology, 2011, 205 (10): 3293-3300.

[110] Cao X Q, Zhang Y F, Zhang J F, et al. Failure of the plasma-sprayed coating of lanthanum hexaluminate. Journal of the European Ceramic Society, 2008, 28 (10): 1979-1986.

[111] Lu H R, Wang C A, Zhang C G, et al. Thermo-physical properties of rare-earth hexaaluminates LnMgAl$_{11}$O$_{19}$ (Ln: La, Pr, Nd, Sm, Eu and Gd) magnetoplumbite for advanced thermal barrier coatings. Journal of the European Ceramic Society, 2015, 35 (4): 1297-1306.

[112] Yamanaka S, Kurosaki K, Oyama T, et al. Thermophysical Properties of Perovskite-Type Strontium Cerate and Zirconate. Journal of the American Ceramic Society, 2005, 88 (6): 1496-1499.

[113] Lawn B R, Padture N, Cai H, et al. Making ceramics "ductile". Science, 1994, 263: 1114-1116.

[114] Zhang H S, Chen X G, Li G, et al. Influence of Gd$_2$O$_3$ addition on thermophysical properties of La$_2$Ce$_2$O$_7$ ceramics for thermal barrier coatings. Journal of the European Ceramic Society, 2012, 32 (14): 3693-3700.

[115] Wang J, Zhou Y, Chong X Y, et al. Microstructure and thermal properties of a promising thermal barrier coating: YTaO$_4$. Ceramics International, 2016, 42 (12): 13876-13881.

[116] Wu P, Chong X Y, Feng J. Effect of Al^{3+} doping on mechanical and thermal properties of $DyTaO_4$ as promising thermal barrier coating application. Journal of the American Ceramic Society, 2018, 101 (5): 1818-1823.

[117] Wang J, Chong X Y, Zhou R, et al. Microstructure and thermal properties of $RETaO_4$ (RE=Nd, Eu, Gd, Dy, Er, Yb, Lu) as promising thermal barrier coating materials. Scripta Materialia, 2017, 126: 24-28.

[118] Chen L, Song P, Feng J. Influence of ZrO_2 alloying effect on the thermophysical properties of fluorite-type Eu_3TaO_7 ceramics. Scripta Materialia, 2018, 152: 117-121.

[119] Tian Z L, Lin C F, Zheng L Y, et al. Defect-mediated multiple-enhancement of phonon scattering and decrement of thermal conductivity in $(Y_xYb_{1-x})_2SiO_5$ solid solution. Acta Materialia, 2018, 144: 292-304.

[120] Chen L, Jiang Y H, Chong X Y, et al. Synthesis and thermophysical properties of $RETa_3O_9$ (RE = Ce, Nd, Sm, Eu, Gd, Dy, Er) as promising thermal barrier coatings. Journal of the American Ceramic Society, 2018, 101 (3): 1266-1278.

[121] Xie X Y, Guo H B, Gong S K, et al. Lanthanum–titanium–aluminum oxide: A novel thermal barrier coating material for applications at 1300 ° C. Journal of the European Ceramic Society, 2011, 31 (9): 1677-1683.

[122] Yang J, Zhao M, Zhang L, et al. Pronounced enhancement of thermal expansion coefficients of rare-earth zirconate by cerium doping. Scripta Materialia, 2018, 153: 1-5.

[123] Tian Z, Zheng L, Wang J, et al. Theoretical and experimental determination of the major thermo-mechanical properties of

RE$_2$SiO$_5$ (RE=Tb, Dy, Ho, Er, Tm, Yb, Lu, and Y) for environmental and thermal barrier coating applications. Journal of the European Ceramic Society, 2016, 36 (1): 189-202.

[124] Zhu D, Chen Y L, Miller R A, Defect clustering and nanophase structure characterization of multicomponent rare earth-oxide-doped zirconia-yttria thermal barrier coatings, NASA Technical Reports Server (NTRS), OH, United States, 2004.

[125] Wang J S, Sun J B, Jing Q S, et al. Phase stability and thermo-physical properties of ZrO$_2$-CeO$_2$-TiO$_2$ ceramics for thermal barrier coatings. Journal of the European Ceramic Society, 2018, 38 (7): 2841-2850.

[126] Mévrel R, Laizet J, Azzopardi A, et al. Thermal diffusivity and conductivity of Zr$_{1-x}$Y$_x$O$_{2-x/2}$ (x=0, 0.084 and 0.179) single crystals. Journal of the European Ceramic Society, 2004, 24 (10-11): 3081-3089.

[127] Winter M R, Clarke D R. Thermal conductivity of yttria-stabilized zirconia–hafnia solid solutions. Acta Materialia, 2006, 54 (19): 5051-5059.

[128] Shen Y, Leckie R M, Levi C G, et al. Low thermal conductivity without oxygen vacancies in equimolar YO$_{1.5}$+TaO$_{2.5}$- and YbO1.5+TaO2.5-stabilized tetragonal zirconia ceramics. Acta Materialia, 2010, 58 (13): 4424-4431.

[129] Qu L, Choy K L, Wheatley R. Theoretical and experimental studies of doping effects on thermodynamic properties of (Dy, Y)-ZrO$_2$. Acta Materialia, 2016, 114: 7-14.

[130] Zhao M, Ren X R, Pan W. Effect of lattice distortion and disordering on the mechanical properties of titania - doped yttria - stabilized

zirconia. Journal of the American Ceramic Society, 2014, 97 (5): 1566-1571.

[131] Yeh J W, Chen S K, Lin S J, et al. Nanostructured high-entropy alloys with multiple principal elements: novel alloy design concepts and outcomes. Advanced Engineering Materials, 2004, 6: 299-303.

[132] Rost C M, Sachet E, Borman T, et al. Entropy-stabilized oxides. Nature Communications, 2015, 6: 8485.

[133] Fan W, Bai Y, Liu Y F, et al. Principal element design of pyrochlore-fluorite dual-phase medium- and high-entropy ceramics. Journal of Materials Science & Technology, 2022, 107: 149-154.

[134] Li F, Zhou L, Liu J X, et al. High-entropy pyrochlores with low thermal conductivity for thermal barrier coating materials. Journal of Advanced Ceramics, 2019, 8 (4): 576-582.

[135] Zhou L, Li F, Liu J X, et al. High-entropy thermal barrier coating of rare-earth zirconate: A case study on $(La_{1/5}Nd_{1/5}Sm_{1/5}Eu_{1/5}Gd_{1/5})_2Zr_2O_7$ prepared by atmospheric plasma spraying. Journal of the European Ceramic Society, 2020, 40 (15): 5731-5739.

[136] Zhao Z, Chen H, Xiang H, et al. High-entropy $(Y_{1/5}Nd_{1/5}Sm_{1/5}Eu_{1/5}Er_{1/5})AlO_3$: A promising thermal/environmental barrier material for oxide/oxide composites. Journal of Materials Science & Technology, 2020, 47: 45-51.

[137] Zhao Z, Xiang H, Chen H, et al. High-entropy $(Nd_{1/5}Sm_{1/5}Eu_{1/5}Y_{1/5}Yb_{1/5})_4Al_2O_9$ with good high temperature stability, low thermal conductivity, and anisotropic thermal expansivity. Journal of Advanced Ceramics, 2020, 9 (5): 595-605.

[138] Zhu J, Xu J, Zhang P, et al. Enhanced mechanical and thermal properties of ferroelastic high-entropy rare-earth-niobates. Scripta Materialia, 2021, 200: 113912.

[139] Zhu J, Meng X, Xu J, et al. Ultra-low thermal conductivity and enhanced mechanical properties of high-entropy rare earth niobates (RE$_3$NbO$_7$, RE = Dy, Y, Ho, Er, Yb). Journal of the European Ceramic Society, 2021, 41 (1): 1052-1057.

[140] Mercer C, Williams J R, Clarke D R, et al. On a ferroelastic mechanism governing the toughness of metastable tetragonal-prime (t′) yttria-stabilized zirconia. Proceedings of the Royal Society A: Mathematical, Physical and Engineering Sciences, 2007, 463 (2081): 1393-1408.

[141] Kelly J R, Denry I. Stabilized zirconia as a structural ceramic: an overview. Dental Materials, 2008, 24 (3): 289-98.

[142] Guazzato M, Albakry M, Ringer S P, et al. Strength, fracture toughness and microstructure of a selection of all-ceramic materials. Part II. Zirconia-based dental ceramics. Dental Materials, 2004, 20 (5): 449-56.

[143] Virkar A V, Matsumoto R K L. Ferroelastic domain switching as a toughening mechanism in tetragonal zirconia. Journal of the American Ceramic Society, 1986, 69: 224-226.

[144] Chiba R, Yoshimura F, Yamaki J, et al. Ionic conductivity and morphology in Sc$_2$O$_3$ and Al$_2$O$_3$ doped ZrO$_2$ films prepared by the sol-gel method. Solid State Ionics, 1997, 104: 259-266.

[145] Jones R L, Mess D. Improved tetragonal phase stability at 1400° C with scandia, yttria-stabilized zirconia. Surface and Coatings Technology, 1996, 86-87: 94-101.

[146] Jones R L, Reidy R F, Mess D. Scandia, yttria-stabilized zirconia for thermal barrier coatings. Surface and Coatings Technology, 1996, 82: 70-76.

[147] Scott H G. Phase relationships in the zirconia-yttria system. Journal of Materials Science, 1975, 10: 1527-1535.

[148] Yoshimura M, Yashima M, Noma T, et al. Formation of diffusionlessly transformed tetragonal phases by rapid quenching of melts in ZrO_2-$RO_{1.5}$ systems (R = rare earths). Journal of Materials Science, 1990, 25: 2011-2016.

[149] Toby B H. EXPGUI, a graphical user interface for GSAS. Journal of Applied Crystallography, 2001, 34 (2): 210-213.

[150] Wu E, Kisi E H, Gray E M A. Modelling dislocation-induced anisotropic line broadening in rietveld refinements using a voigt function. II. Application to neutron powder diffraction data. Journal of Applied Crystallography, 1998, 31: 363-368.

[151] Merle T, Guinebretiere R, Mirgorodsky A, et al. Polarized Raman spectra of tetragonal pure ZrO_2 measured on epitaxial films. Physical Review B, 2002, 65 (14): 144302.

[152] Giesting P A, Hofmeister A M. Thermal conductivity of disordered garnets from infrared spectroscopy. Physical Review B, 2002, 65 (14): 144305.

[153] Schulz U. Phase transformation in EB-PVD yttria partially stabilized zirconia thermal barrier coatings during annealing. Journal of the American Ceramic Society, 2000, 83: 904-910.

[154] Shannon R D. Revised effective ionic radii and systematic studies of interatomic distances in halides and chalcogenides. Acta Crystallographica Section A, 1976, 32 (5): 751-767.

[155] Krogstad J A, Leckie R M, Krämer S, et al. Phase evolution upon aging of air plasma sprayed t'-zirconia coatings: II-microstructure evolution. Journal of the American Ceramic Society, 2013, 96 (1): 299-307.

[156] Krogstad J A, Krämer S, Lipkin D M, et al. Phase Stability of t′ - Zirconia-Based Thermal Barrier Coatings: Mechanistic Insights. Journal of the American Ceramic Society, 2011, 94: s168-s177.

[157] Krogstad J A, Gao Y, Bai J, et al. In situ diffraction study of the high-temperature decomposition of t′ -zirconia. Journal of the American Ceramic Society, 2015, 98 (1): 247-254.

[158] Zhang F, Batuk M, Hadermann J, et al. Effect of cation dopant radius on the hydrothermal stability of tetragonal zirconia: Grain boundary segregation and oxygen vacancy annihilation. Acta Materialia, 2016, 106: 48-58.

[159] Kilo M. Modeling of cation diffusion in oxygen ion conductors using molecular dynamics. Solid State Ionics, 2004, 175 (1-4): 823-827.

[160] Wang X Z, Chen Q Y, Pilla S, et al. Investigation of thermal transport behavior in YSZ and LZ/YSZ coupled system between 1273 and 1473 K using molecular dynamics simulation. Journal of Molecular Liquids, 2017, 244: 464-468.

[161] Balducci G, Islam M S, Kaspar J, et al. Reduction process in CeO_2-MO and CeO_2-M_2O_3 mixed oxides: A computer simulation study. Chemistry of Materials, 2003, 15: 3781-3785.

[162] Volz S G, Chen G. Molecular-dynamics simulation of thermal conductivity of silicon crystals. Physical Review B, 2000, 61 (4): 2651-2656.

[163] Valadez Huerta G, Kelle A, Kabelac S. A phenomenological study of yttria-stabilized zirconia at 1300 K with the Green-Kubo formulation and equilibrium molecular dynamics. Chemical Physics, 2017, 485-486: 108-117.

[164] Schelling P K, Phillpot S R. Mechanism of thermal transport in zirconia and yttria‐stabilized zirconia by molecular‐dynamics simulation. Journal of the American Ceramic Society, 2001, 84 (12): 2997-3007.

[165] Che J, Liu X, Wang X, et al. Structure, thermal expansion coefficient and phase stability of $La_2(Zr_{0.7}Ce_{0.3})_2O_7$ studied by molecular dynamic simulation and experiment. Chemical Physics Letters, 2018, 697: 48-52.

[166] Wan C L, Qu Z X, Du A B, et al. Influence of B site substituent Ti on the structure and thermophysical properties of $A_2B_2O_7$-type pyrochlore $Gd_2Zr_2O_7$. Acta Materialia, 2009, 57 (16): 4782-4789.

[167] Luo Y R, Comprehensive handbook of chemical bond energies, CRC Press, Boca Raton, FL, 2007.

[168] Hayashi H, Saitou T, Maruyama N, et al. Thermal expansion coefficient of yttria stabilized zirconia for various yttria contents. Solid State Ionics, 2005, 176 (5-6): 613-619.

[169] Schubert H. Anisotropic thermal expansion coefficients of Y_2O_3-stabilized tetragonal zirconia. Journal of the American Ceramic Society, 1986, 69 (3): 270-271.

[170] Xie H, Xie Y C, Yang G J, et al. Modeling thermal conductivity of thermally sprayed coatings with intrasplat cracks. Journal of Thermal Spray Technology, 2013, 22 (8): 1328-1336.

[171] Gholipour Shahraki M, Zeinali Z. Effects of vacancy defects and axial strain on thermal conductivity of silicon nanowires: A reverse nonequilibrium molecular dynamics simulation. Journal of Physics and Chemistry of Solids, 2015, 85: 233-238.

[172] Zhao S S, Shao C, Zahiri S, et al. Thermal transport in nanoporous yttria-stabilized zirconia by molecular dynamics simulation. Journal of Shanghai Jiaotong University (Science), 2018, 23 (1): 38-44.

[173] Du A B, Wan C L, Qu Z X, et al. Thermal conductivity of monazite-type $REPO_4$ (RE=La, Ce, Nd, Sm, Eu, Gd). Journal of the American Ceramic Society, 2009, 92 (11): 2687-2692.

[174] Raghavan S, Wang H, Dinwiddie R B, et al. The effect of grain size, porosity and yttria content on the thermal conductivity of nanocrystalline zirconia. Scripta Materialia, 1998, 39 (8): 1119-1125.

[175] Yang F, Zhao X, Xiao P. Thermal conductivities of YSZ/Al_2O_3 composites. Journal of the European Ceramic Society, 2010, 30 (15): 3111-3116.

[176] Soyez G, Eastman J A, Thompson L J, et al. Grain-size-dependent thermal conductivity of nanocrystalline yttria-stabilized zirconia films grown by metal-organic chemical vapor deposition. Applied Physics Letters, 2000, 77 (8): 1155-1157.

[177] Callaway J, von Baeyer H C. Effect of point imperfections on lattice thermal conductivity. Physical Review, 1960, 120 (4): 1149-1154.

[178] Slack G A. Thermal conductivity of MgO, Al_2O_3, $MgAl_2O_4$, and Fe_3O_4 crystals from $3°$ to $300°$ K. Physical Review, 1962, 126 (2): 427-441.

[179] Abeles B. Lattice Thermal Conductivity of Disordered Semiconductor Alloys at High Temperatures. Physical Review, 1963, 131 (5): 1906-1911.

[180] Qu Z X, Sparks T D, Pan W, et al. Thermal conductivity of the gadolinium calcium silicate apatites: Effect of different point defect types. Acta Materialia, 2011, 59 (10): 3841-3850.

[181] Raghavan S, Wang H, Porter W D, et al. Thermal properties of zirconia co-doped with trivalent and pentavalent oxides. Acta Materialia, 2001, 49: 169-179.

[182] Zhao M, Pan W. Effect of lattice defects on thermal conductivity of Ti-doped, Y_2O_3-stabilized ZrO_2. Acta Materialia, 2013, 61 (14): 5496-5503.

[183] Ratsifaritana C A, Klemens P G. Scattering of phonons by vacancies. International Journal of Thermophysics, 1987, 8 (6): 737-750.

[184] Maldovan M. Phonon wave interference and thermal bandgap materials. Nature Materials, 2015, 14 (7): 667-74.

[185] Hu M, Giapis K P, Goicochea J V, et al. Significant reduction of thermal conductivity in Si/Ge core-shell nanowires. Nano Letters, 2011, 11 (2): 618-23.

[186] Dickey J M, Paskin A. Computer Simulation of the Lattice Dynamics of Solids. Physical Review, 1969, 188 (3): 1407-1418.

[187] Grest G S, Nagel S R, Rahman A, et al. Density of states and the velocity autocorrelation function derived from quench studies. The Journal of Chemical Physics, 1981, 74: 3532-3534.

[188] Zheng K, Wang L Y, Bai S Y, et al. An anomalous wave-like kinetic energy transport in graphene nanoribbons at high heat flux. Physica B: Condensed Matter, 2014, 434: 64-68.

[189] Cui L, Du X Z, Wei G, et al. Thermal conductivity of graphene wrinkles: A molecular dynamics simulation. The Journal of Physical Chemistry C, 2016, 120 (41): 23807-23812.

[190] Fan W, Bai Y, Wang Z Z, et al. Effect of point defects on the thermal conductivity of Sc_2O_3-Y_2O_3 co-stabilized tetragonal ZrO_2

ceramic materials. Journal of the European Ceramic Society, 2019, 39 (7): 2389-2396.

[191] Fan W, Wang Y, Liu Y, et al. Mechanical properties durability of Sc_2O_3-Y_2O_3 co-stabilized ZrO_2 thermal barrier materials for high temperature application. Coatings, 2022, 12 (2).

[192] Faisal N H, Ahmed R, Prathuru A K, et al. An improved Vickers indentation fracture toughness model to assess the quality of thermally sprayed coatings. Engineering Fracture Mechanics, 2014, 128: 189-204.

[193] Loganathan A, Gandhi A S. Effect of phase transformations on the fracture toughness of t' yttria stabilized zirconia. Materials Science and Engineering: A, 2012, 556: 927-935.

[194] Zhao M, Ren X R, Pan W, et al. Low thermal conductivity of SnO_2-doped Y_2O_3-stabilized ZrO_2: Effect of the lattice tetragonal distortion. Journal of the American Ceramic Society, 2015, 98 (1): 229-235.

[195] Fan W, Wang Z Z, Bai Y, et al. Improved properties of scandia and yttria co-doped zirconia as a potential thermal barrier material for high temperature applications. Journal of the European Ceramic Society, 2018, 38 (13): 4502-4511.

[196] Marshall D B, Noma T, Evans A G. A simple method for determining elastic-modulus-to-hardness ratios using Knoop indentation measurements. Journal of the American Ceramic Society, 1982, 65: c175-c176.

[197] Bai Y, Tang J J, Qu Y M, et al. Influence of original powders on the microstructure and properties of thermal barrier coatings deposited by supersonic atmospheric plasma spraying, Part I: Microstructure. Ceramics International, 2013, 39 (5): 5113-5124.

[198] 范薇, 白宇, 王玉. 纳米结构$(Gd_{0.9}Yb_{0.1})_2Zr_2O_7$/YSZ热障涂层热冲击性能研究. 中国稀土学报, 2022: (网络首发).

[199] Fan W, Bai Y, Wang Y, et al. Microstructural design and thermal cycling performance of a novel layer-gradient nanostructured Sc_2O_3–Y_2O_3 co-stabilized ZrO_2 thermal barrier coating. Journal of Alloys and Compounds, 2020, 829: 154525.

[200] Wu F, Jordan E H, Ma X, et al. Thermally grown oxide growth behavior and spallation lives of solution precursor plasma spray thermal barrier coatings. Surface and Coatings Technology, 2008, 202 (9): 1628-1635.

[201] Mahade S, Curry N, Björklund S, et al. Thermal conductivity and thermal cyclic fatigue of multilayered $Gd_2Zr_2O_7$/YSZ thermal barrier coatings processed by suspension plasma spray. Surface and Coatings Technology, 2015, 283: 329-336.

[202] 范薇, 白宇, 王玉, 等. 钪钇共稳二氧化锆热障涂层结构设计与热冲击失效行为研究. 热加工工艺, 2022, 51: 69-73.

[203] Lv B W, Mücke R, Fan X L, et al. Sintering resistance of advanced plasma-sprayed thermal barrier coatings with strain-tolerant microstructures. Journal of the European Ceramic Society, 2018, 38 (15): 5092-5100.

[204] Madhwal M, Jordan E H, Gell M. Failure mechanisms of dense vertically-cracked thermal barrier coatings. Materials Science and Engineering: A, 2004, 384 (1-2): 151-161.

[205] Guo H B, Vaßen R, Stöver D. Atmospheric plasma sprayed thick thermal barrier coatings with high segmentation crack density. Surface and Coatings Technology, 2004, 186 (3): 353-363.

[206] Zhu W, Yang L, Guo J W, et al. Numerical study on interaction of surface cracking and interfacial delamination in thermal barrier coatings under tension. Applied Surface Science, 2014, 315: 292-298.

[207] Zhu W, Yang L, Guo J W, et al. Determination of interfacial adhesion energies of thermal barrier coatings by compression test combined with a cohesive zone finite element model. International Journal of Plasticity, 2015, 64: 76-87.

[208] VanEvery K, Krane M J M, Trice R W, et al. Column Formation in Suspension Plasma-Sprayed Coatings and Resultant Thermal Properties. Journal of Thermal Spray Technology, 2011, 20 (4): 817-828.

[209] Fan W, Bai Y, Li J R, et al. Microstructural design and properties of supersonic suspension plasma sprayed thermal barrier coatings. Journal of Alloys and Compounds, 2017, 699: 763-774.

[210] Fauchais P, Vardelle M, Vardelle A, et al. What Do We Know, What are the Current Limitations of Suspension Plasma Spraying? Journal of Thermal Spray Technology, 2015, 24 (7): 1120-1129.

[211] Shan X, Zou Z, Gu L, et al. Buckling failure in air-plasma sprayed thermal barrier coatings induced by molten silicate attack. Scripta Materialia, 2016, 113: 71-74.

[212] Wu J, Guo H, Gao Y, et al. Microstructure and thermo-physical properties of yttria stabilized zirconia coatings with CMAS deposits. Journal of the European Ceramic Society, 2011, 31 (10): 1881-1888.

[213] Krämer S, Yang J, Levi C G, et al. Thermochemical interaction of thermal barrier coatings with molten $CaO-MgO-Al_2O_3-SiO_2$ (CMAS) deposits. Journal of the American Ceramic Society, 2006, 89 (10): 3167-3175.

[214] Fan W, Bai Y, Liu Y F, et al. Corrosion behavior of Sc_2O_3–Y_2O_3 co-stabilized ZrO_2 thermal barrier coatings with CMAS attack. Ceramics International, 2019, 45 (12): 15763-15767.

[215] Drexler J M, Ortiz A L, Padture N P. Composition effects of thermal barrier coating ceramics on their interaction with molten Ca–Mg–Al–silicate (CMAS) glass. Acta Materialia, 2012, 60 (15): 5437-5447.

[216] Krause A R, Li X, Padture N P. Interaction between ceramic powder and molten calcia-magnesia-alumino-silicate (CMAS) glass, and its implication on CMAS-resistant thermal barrier coatings. Scripta Materialia, 2016, 112: 118-122.

[217] Mercer C, Faulhaber S, Evans A G, et al. A delamination mechanism for thermal barrier coatings subject to calcium–magnesium–alumino-silicate (CMAS) infiltratio. Acta Materialia, 2005, 53: 1029-1039.

[218] Turcer L R, Krause A R, Garces H F, et al. Environmental-barrier coating ceramics for resistance against attack by molten calcia-magnesia-aluminosilicate (CMAS) glass: Part Ⅱ, β-$Yb_2Si_2O_7$ and β-$Sc_2Si_2O_7$. Journal of the European Ceramic Society, 2018, 38 (11): 3914-3924.

[219] Aygun A, Vasiliev A L, Padture N P, et al. Novel thermal barrier coatings that are resistant to high-temperature attack by glassy deposits. Acta Materialia, 2007, 55 (20): 6734-6745.